脱原発

―原発は原爆と同じくらい
　　　　　　　恐ろしい―

内　山　健

あずさ書店

はじめに

　2011年3月11日の福島第一原発事故は、大量の放射性物質を拡散させた。多くの方が被曝し、環境省が認定しただけで15万4000人に上る方々が長期の避難を余儀なくされ、いまだ戻れぬ人々も多い。4年近くたつが、まだ事故は終息していない。

　史上最悪の旧ソ連チェルノブイリ原子力発電所事故に匹敵するほどのものだ。現在、世界には29か国431基の原子力発電所があり、日本にも54基の原子力発電所がある。

　そして1979年のアメリカのスリーマイル島原子力発電所事故、1986年の旧ソ連チェルノブイリ原子力発電所事故、2011年の福島第一原子力発電所事故をはじめ、今日まで数多くの原子力発電所事故を起こしている。

　そのたびに多くの被害をもたらしている。過去に数多くの事故を起こしながら、その反省もなく、今日の自公政権は原子力発電所の再稼働・新設をもくろんでいる。

　日本では現在、1基の原子力発電所も稼働していないが、電力の供給は足りている。電力の不足が心配されるなら、クリーンな自然エネルギーに頼るべきであり、それが間に合わないなら当座は火力発電所を増設すべきである。

　原子力発電所は、稼働するだけで有害な放射性物質を生み出すばかりではなく、ひとたび事故を起こせば、福島第一原発のようにその有害な放射性物質を自然界に大量に放出し、甚大な被害をもたらす。いくら安全に配慮していると言っても、完全

ということはない。絶対に再稼働すべきでない。

そればかりではない。福島第一原発事故を経験したことから、わが国の国民感情からいって国内での原発新設ができないので、自公政権は、こともあろうにベトナム・トルコをはじめとした海外に、原発を輸出しようとしている。許すことはできない。

海外では1986年のチェルノブイリ原子力発電所事故を受け、1980年にスウェーデン、1987年にイタリア、1999年にベルギー、2000年にドイツで、原子力発電の撤廃が政策化された。

また、福島第一原発事故を受けて、原発依存度77％のフランスでさえ2025年度までに原発依存度を50パーセントに減らすことを目指すなど、脱原発・減原発は世界の趨勢である。

原発大国アメリカも、1979年のスリーマイル島原子力発電所の事故以来は、1基の原発も新設していない。

日本は地震大国でもある。地震は地震動をはじめ津波などによって、今回のような原子力事故を惹起する。日本もこの際、脱原発に踏み切るべきなのだ。

安倍政権の後押しのもと、東京電力は福島第一原発事故の終息を見ないうちに、新潟県の柏崎刈羽原子力発電所の再稼働を試みた。しかし、これは地元の反対のために頓挫した。また九州電力の川内原発を始め、いくつかの原発が再稼働をもくろんでいる。再稼働を絶対に阻止しなければならない。

2014年10月15日

内　山　健

も　く　じ

はじめに

1. 核兵器から原子力発電へ ……………………… 7
   原子力と原子力発電／核兵器の開発／原子力発電
2. マンハッタン計画 ……………………………… 15
   原子爆弾開発の意図／マンハッタン計画／原子爆弾の製作
3. 広島・長崎への原爆投下 ……………………… 25
   日本への原爆投下の意味／広島への原爆投下／長崎への原爆投下
4. 核兵器開発競争 ………………………………… 43
   ソ連の核兵器開発／水素爆弾の開発／核兵器開発競争
5. 原子力の平和利用と原子力発電 ……………… 57
   原子力の平和利用／原子力発電の導入／原子力発電の仕組み／沸騰水型と加圧水型／核燃料サイクル／プルサーマル
6. 原子力事故 ……………………………………… 69
7. スリーマイル島原子力発電所事故 …………… 77
   事故の衝撃／事故の経緯／事故の影響
8. チェルノブイリ原子力発電所事故 …………… 83
   事故の発生／事故の経緯と避難／事故の影響

9 日本の原子力事故 ………………………………… 93
関西電力美浜原発1号機燃料棒破損事故／東京電力福島第一原発3号機事故／東京電力福島第二原発3号機事故／東京電力福島第一原発3号機事故／関西電力美浜原発2号機事故／中部電力浜岡原発3号機事故／動燃高速増殖炉もんじゅナトリウム漏洩事故／動燃東海事業所アスファルト固化施設事故／北陸電力志賀原発1号機事故／東海村ＪＣＯ核燃料加工施設臨界事故／関西電力美浜原発3号機配管破損事故／東京電力柏崎刈羽原発事故／東京電力福島第一原発2号機緊急自動停止／東日本大震災福島第一原発・第二原発事故／Ｊ-ＰＡＲＣ放射性同位体漏洩事故

10 福島第一原発事故 ……………………………… 111
事故の概要／人体への影響

11 脱原発 …………………………………………… 127
原爆と原発／放射能汚染について／原子力発電の経済性／原子力推進者／脱原発

1
核兵器から原子力発電へ

原子力と原子力発電

　原子力は、原子核の変換や核反応にともなって放出される多量のエネルギーであり、兵器や動力源に利用される。核エネルギーや原子力エネルギーとも呼ばれる。原子力は、ウランやプルトニウムなどの核分裂、放射性物質の崩壊、重水素・トリチウムなどの核融合の際に生み出される。

　原子核変換は原子核崩壊と原子核反応とに分類される。原子核反応はさらに、原子核融合反応と原子核分裂反応とにわけられる。原子核反応により発生するエネルギーは、石炭・石油・天然ガスなどの化石燃料の燃焼により発生するエネルギーに比べけた違いに大きく、兵器に利用されるほか、エネルギー資源として主に発電に利用されている。

　ただし現在のところ、発電に利用されているのは原子核分裂だけである。原子核融合による発電は、その実現への努力が進められているけれど、まだ実現には至っていない。

　しかし、核分裂か核融合かを問わず、原子力エネルギーを利用する際には放射性物質が発生する。放射性物質が発する能力を放射能と呼ぶが、放射性物質が発する放射線は、その量や強さに応じて生物の細胞に対し悪影響を与える。このため、放射線は適切に防護される必要がある。

原子力兵器や原子力潜水艦は「核の戦争利用」「軍用核」の代表例であり、原子力兵器は代表的な大量破壊兵器である。

　原子力発電や原子力商船などの「核の平和利用」「商用核」も、その過程で発生する放射線や放射性廃棄物などの問題を抱えている。また、軍用か商用かを問わず、放射線による影響、各種の原子力事故や放射性廃棄物の処理、核テロリズムの危険性などの諸課題を抱えている。

　現代の多くの原子力発電は、原子核分裂時に発生する熱エネルギーで高圧の水蒸気を作り、蒸気タービンおよびこれと同軸接続された発電機を回転させて発電するものだ。原子核反応には核分裂反応と核融合反応があるが、先に言ったように核融合反応は実用段階にはなく、実用化されているのは核分裂反応だけである。

　原子力発電は、核分裂反応で発生する熱を使って水を高圧沸騰させ、その蒸気でタービンを回して発電するのである。火力発電では、石油・石炭・液化天然ガス（ＬＮＧ）といった化石燃料を燃やして熱を作り出して高圧蒸気を発生させ、その蒸気でタービンを回して発電している。

　つまり、原子力発電と火力発電は、発生した高圧蒸気でタービンを回すことで発電するという点では同じ仕組みである。ただ、火力発電と原子力発電では、タービンを回すまでの過程が大きく違い、またタービンの形式等も異なる。

　原子力発電は、核分裂反応を利用した発電である。核分裂とは、何らかの要因で中性子を捕捉した原子が、２つないしそれ以上の原子に分裂することである。

原子力事故には、炉心溶融（メルトダウン）・水素爆発・水蒸気爆発・冷却水喪失などがある。これまで世界各国で数多くの事故が発生しており、その事例は枚挙にいとまがない。

　炉心溶融にまで至った大きな事故としては、1979年のアメリカのスリーマイル島原発事故、1986年の旧ソ連のチェルノブイリ原発事故、2011年の福島第一原発事故が挙げられる。

アメリカの原子力空母「エンタープライズ(CVN-65)」。世界初の原子力空母であり、アメリカ海軍の戦闘艦船として就役年数が最も長く、半世紀にわたってアメリカ海軍の象徴となっていた。1960年9月に進水、1961年11月に就役、2012年12月に退役した。全長336m、全幅76m、7万5000トンで、A2W加圧水型原子炉8基を搭載していた。ベトナム戦争とそれに反対するベトナム反戦運動がピークに近かった1968年1月29日、ミサイル巡洋艦2隻とともに佐世保港に入港した。このため、ベトナム戦争に日本が利用されることに反対した社会党系・民社党系・共産党系・公明党系の団体が抗議集会を行った。また新左翼系の学生団体が連携して、激しい反対集会・抗議デモを行った。

2 核兵器の開発

原子力の開発をめぐる人類の歴史は、核兵器の開発およびその強力化、核兵器の技術の応用による原子力発電の歴史だった。いずれにしても、放射能汚染による膨大な被害をもたらした。

まず原子爆弾開発の経緯から見てみよう。いわゆるマンハッタン計画は、第二次世界大戦中に、枢軸国に対抗するためにアメリカ・イギリス・カナダによって、原子爆弾の開発・製造が意図された計画である。多くの科学者・技術者を動員して、1942年から3年の歳月をかけて、1945年7月16日に世界で初めて原爆実験を行った。

その上で、同年8月6日に広島に、8月9日に長崎に原爆を投下、合計数十万人の犠牲者を出した。アメリカは、広島・長崎への原爆投下について、戦争を早く終わらせるためであったと正当化しただけでなく、原爆被害の恐ろしさを隠そうとした。

アメリカに対抗して、ソ連も1949年8月29日に原爆実験を行った。こうして米ソ冷戦構造の下で、原爆開発競争が始まった。

やがてアメリカは、原子爆弾よりも大きな破壊力を持つ水素爆弾の実験を、1954年3月1日に、マーシャル諸島にあるビキニ環礁で実施した。この水素爆弾による放射能の被害は第五福竜丸事件をもたらし、日本は広島・長崎に次ぐ第三の原水爆に

よる人的被害を受けることになった。この被曝は、日本国内で反核運動が起こるきっかけになった。

ソ連は1953年8月12日に、大型すぎて実用に向かなく、爆発力も小規模だったが、アメリカよりも早く水素爆弾を開発している。アメリカもすぐに水素爆弾を開発し、小型化してビキニの水爆実験を行った。このようにして、冷戦構造を背景に、米・ソ両大国による核開発競争が繰り広げられた。やがて、1958年にイギリス、1960年にフランスが核開発競争に加わった。

原子力開発は、こうして核兵器の実用化として始まった。その後は、原子力の平和利用という美名の下に原子力発電が行われ、原子力の研究が進められた。

その間、ウランの採掘・濃縮をはじめ、核兵器の製造・実験、原子力発電所の運転を通じて、多くの労働者や公衆に対して放射能被害をもたらし続けている。

オーストラリアのモンテ・ベロ島で、イギリスが初めて行った原爆実験によるきのこ雲（1952年10月3日）

3 原子力発電

　軍事用に開発された原子力を、民間に転用するところから、原子力発電は始まった。史上初の原子力発電は、1951年にアメリカで行われた。この時に発電されたのは1キロワット弱がやっとであった。

　本格的に原子力発電への道が開かれるようになったのは、1953年12月8日にアメリカ大統領アイゼンハワーが国連総会で行った原子力の平和利用に関する提案が起点とされる。アメリカではこれを受け、1954年に原子力エネルギー法が修正され、アメリカ原子力委員会が、原子力開発の規制と推進の双方を担当することになった。

　1954年6月27日、ソ連のオブニンスク原子力発電所が、実用としては世界初となる5000キロワットの発電を行った。1956年に、世界初の商用原子力発電所として、イギリスのコールダーホール原子力発電所が完成した。出力は5万キロワットであった。

　アメリカでの最初の商用原子力発電所は、1958年5月にペンシルベニア州で稼働を始めたシッピングポート原子力発電所である。1957年には国際原子力機関（IAEA）が発足し、原子力の規制と原子力発電の推進を始めた。フランスでは1964年2

月に、シノンＡ１号炉が最初の商用運転を開始した。

原子力発電初期のキャッチフレーズは、「原子力発電で作った電力はあまりに安すぎるので、計量する必要がないほどだ」であった。しかし現実は、バックアップ装置の増設等により、建設費が高騰した。原子力発電所は多くの問題を抱えながらも、1970年代の石油価格の高騰と地球温暖化防止の掛け声を背景に、建設の動きが活発化した。

その中で1979年３月28日、スリーマイル島原子力発電所事故が発生し、世界の原子力業界に大きな衝撃を与えた。続いて1986年チェルノブイリ原子力発電所事故、2011年福島第一原子力発電所事故が発生したのである。

核兵器は、人々に直接的に被害を与える。原子力の平和利用と言うと、きれいごとのように聞こえる。だが、核兵器も原子力発電も、ウランの採掘から最終段階まで、それに携わる労働者とその他の公衆に対して放射能被害をもたらす。

そればかりか、原子力発電はひとたび事故を起こせば、取り返すことのできない大惨事になることは、過去の例からも明らかである。

いずれ原子力発電は撤廃せざるを得ない。しかしそれに対して、電力会社、原発を推進する政府の勢力、原子力学会、原子力産業などのいわゆる原子力ムラの利権勢力は、原子力発電の撤廃に激しく抵抗している。

また他方で、原発反対の運動も活発化している。たとえば、パソコンで「反原発デモ」をキーワードに検索すると、さまざまな情報にアクセスできるはずだ。

2
マンハッタン計画

原子爆弾開発の意図

　近代以前、洋の東西を問わず、卑金属を貴金属に変換させよう、特に金に変えようとする錬金術の研究が盛んだった。錬金術研究は、貴金属や金を生成できなかったということでは、すべてが失敗に終わった。しかし、錬金術として行った実験を通して、各種の発明・発見が生み出された。錬金術が現代化学の基礎を築いた、と言っても過言でない。

　それが、現代物理学の発展により、水銀を原子核崩壊させることによって金に変えることが理論的に可能になった。それは原子そのものを変え、違う元素にするもので、錬金術が目指していた技術そのものである。

　もっとも、水銀を金に変えるには膨大なエネルギーと設備資金を必要とする。したがって現代においても、そのような方法によって富を増大させることはできない。しかしながら、そのような人間の努力が科学を発展させたのである。

　今日においては、物理学の発展によって、石炭や石油の燃焼によって得られるエネルギーよりもけた違いに膨大なエネルギーを、原子核の分裂によって得られるようになった。これは軍事目的にも利用されるし、平和目的にも利用される。

　この理論が発見されたのが、1930年代から40年代にかけてで

ある。理論的には膨大なエネルギーが得られるとわかっても、それを実現するためには、大変な努力と資金が必要であった。すぐには実用にならない。また時代が悪かった。

　1914年から1918年にかけての第一次世界大戦後、ドイツでナチスが台頭し、イタリアではファシズムが起こった。日本では軍国主義勢力がはびこった。

　1939年9月1日に、ドイツ軍がポーランドに侵攻し、第二次世界大戦が始まった。後にドイツ・イタリア・日本は三国同盟を結び、これを中心とする枢軸国陣営を結成した。これに対するイギリス・フランス・ソ連・アメリカ・中華民国などの連合国陣営との間で、1945年まで激しい戦争が行われた。

　こうした時代だったから、この物理学上の理論が、原子爆弾という大量殺戮兵器の開発につながったのである。原子爆弾の開発が可能だということは知れ渡っていたから、参戦国各国は、ひそかに原子爆弾の開発を進めた。ドイツ・ソ連はもとより、日本までも着手していた。

　しかし、原爆の開発に実際に成功したのは、戦場から遠く、資金力も人材も豊富なアメリカだけだった。原爆は、世界で初めて日本に投下され、広島と長崎は焦土と化し、放射能による被害もひどかった。アメリカが原爆の開発を急いだのは、ドイツのナチスが先に原爆を開発したら、近代西欧文明を破壊させられるであろうと心配したからだった。

　アメリカは原爆開発に3年かかった。完成した時、ドイツはすでに降伏しており、日本も壊滅状態にあった。したがって、どうしても日本に原爆を投下する必要があったわけでない。

また、日本が無条件降伏をしたのは、原爆投下が直接のきっかけではなかったと言われる。相互不可侵条約を結んでおり、戦争を終結させるための交渉で連合国との仲介役として頼りにしていたソ連が、その不可侵条約を破棄して対日参戦したからだったと言うのだ。

　戦争を早く終わらせるために日本に原爆を投下した、というのは口実に過ぎない。当時の状況から、原爆開発に携わった多くの科学者たちは、日本への原爆投下に反対していた。

　それにもかかわらず日本に原爆を投下したのは、すでに戦争終結後の社会主義陣営と資本主義陣営との冷戦が確定視されており、その中で戦後政治をアメリカに有利に展開させるためであった。原爆の威力を世界に誇示したい、という願望もあった。

焦土と化した東京。東京は、1945年3〜4月に、焼夷弾による空襲を受けて壊滅した。全国の都市がこのような攻撃を受けつつあった。

2 マンハッタン計画

マンハッタン計画の名は、本部がニューヨークのマンハッタンに置かれたためだった。科学部門のリーダーは、ロバート・オッペンハイマーが当たった。

ナチス・ドイツが先に核兵器を保有することを恐れた亡命ユダヤ人レオ・シラードらが、1939年に同じ亡命ユダヤ人アインシュタインの署名を借りてルーズベルト大統領に信書を送ったことが、アメリカの核開発のきっかけとなった。

この進言では、核連鎖反応を軍事目的に使用できる可能性が述べられ、核兵器によって被害を受ける可能性をも示唆された。そして、もしそのウランの反応が爆発性のものならば、既知のどんな爆弾類に比べても大きな破壊力になろう、と付け加えた。

1939年6月に、イギリスではユダヤ系物理学者オットー・フリッシュとルドルフ・パイエルスが、ウラン235の臨界質量に関して、今までの研究の壁を破る画期的な発見をした。

彼らは、後にガンバレル方式と呼ばれる兵器の機構と、ドイツが核兵器開発の研究に踏み込んでいることを、ヘンリー・トマス・デイザードに書き送った。これが合衆国政府に伝えられることで、アメリカ人物理学者が認識していなかったウラン爆

弾の実現可能性が示された。

　1942年、ルーズベルトはウラン爆弾開発をめぐるイギリスとの協力体制に同意した。プロジェクト責任者には、レズリー・リチャード・グローヴス准将を1942年9月に指名した。彼は、ウラン精製工場と計画の司令部を、テネシー東部のオークリッジに設置した。

　研究所はニューメキシコ州ロスアラモスに置かれることになり、ロバート・オッペンハイマーが所長になった。大勢の科学者が集められ、研究開発が急ピッチで進められた。

　研究所の面積は1万ヘクタールという広大なものだった。計画に携わったのは5万4000人で、巨額の資金が注ぎ込まれた。プルトニウムの濃縮工場は、ワシントン州南央のコロンビア川沿いハンフォードに設置された。その他シカゴ大学冶金研究所も参加した。

　マンハッタン計画は秘密裡に推進され、情報の隠蔽と隔離が徹底された。別の部署の研究内容はまったく伝えられず、個々の科学者に伝える情報は当人の担当分野だけに限定された。その結果、全体を知るのは上層部だけになった。このやり方には、それぞれの科学者からの反発も強かった。

　原爆の開発は、ウラン濃縮によるウラン型原爆と、プルトニウムによるプルトニウム型原爆の両方という体制で、開発・製造が進められた。ウラン濃縮とウラン型原爆の開発、プルトニウム型原爆の開発、兵器としての実用化などが同時に進められた。3年の歳月をかけて、両方の型の原爆が完成した。

　1945年7月16日、ニューメキシコ州ホワイトサンズ射撃場に

おいて、人類史上で初めての核実験「トリニティテスト」が実施された。これはプルトニウム型で、爆縮レンズを用いたインプロージョン方式のテストを目的にしたものだった。

トリニティ実験から1か月も経たないうちに、日本に原子爆弾が投下された。8月6日に広島へウラン型（リトルボーイ、ガンバレル型）が、8月9日に長崎へプルトニウム型（ファットマン、インプロージョン方式）が投下された。

マンハッタン計画において重要な役割を果たした研究施設などは、アメリカ全土の各地に散在していた。

マンハッタン計画　21

3 原子爆弾の製作

　すべての物質は、原子あるいはそれが結合したものからなっている。原子は、原子核と電子からなっている。原子核は、陽子と中性子からなっている。

　陽子はプラスの電荷を帯びており、電子はマイナスの電荷を帯びている。中性子は電気的には中性である。すべての原子は、陽子と電子のバランスで、電気的にはプラスマイナスゼロの中性である。電子の重さは無視するほど軽い。

　したがって、原子の重さは、陽子と中性子の重さを足したものである。

　物質の種類は、陽子の数によって決まる。同じ原子でも、中性子の数が異なる物がある。中性子の数が異なる同じ原子は、化学的には同じ性質を持っている。それを同位原素と呼んでいる。

　元素の周期表は、陽子の数によって1から92まで並べてある（地球上に天然に存在している元素に限ると、この92個である。これよりも重い「超ウラン元素」は、人工のものである）。最も軽い元素は、陽子が1つの水素である。92の原素の中では、ウランが最も重く、また最も原子量が大きい。

　陽子と中性子をあわせた質量数が中間の鉄とニッケルが、原

子として最も安定しており、それより軽い原子も重い原子も不安定である。

　ウランは最も重い原子であるが、ウラン235、ウラン238、ウラン234の3種の同位体を持つ。ウラン234は無視してよいほど稀少である（0.0054パーセント）。天然ウランの中ではウラン238が圧倒的に多い99.3パーセントを占めて、ウラン235は0.7パーセントを占めるに過ぎない。

　このウラン235は、中性子をぶつけられると、連鎖的に核分裂を起こす。そのとき放射線を発しながら膨大なエネルギーを生み出す。このエネルギーが原子爆弾の破壊力にもなり、原子力発電のエネルギーにもなるわけだ。

　しかし、天然にわずか0.7パーセントしか存在しないウラン235を抽出し、濃縮することがむずかしい。その過程にアメリカも苦労したのである。

　プルトニウム239は、ウラン235の崩壊過程で生まれる人工物質である。これも放射線を放出し、核分裂を引き起こして、ウラン235よりも大きなエネルギーを出す。これも原子爆弾の原料になる。

　ウラン235とプルトニウム239を得たとしても、それを原子爆弾という兵器に具体化するのは困難な作業である。アメリカでは、多くの科学者が結集して3年の歳月をかけ、これらいくつかの過程を同時並行的に進行させ、ようやく原子爆弾を作ったのである。

　この過程で、ウランに中性子をぶつけて核分裂を起こさせるといった、高度に科学的な実験が繰り返された。

アメリカが初めて実施した水爆のきのこ雲（1954年3月1日）。ビキニ環礁で行われたこの水爆実験では、第五福竜丸を始めとする数百隻の漁船が被曝し、またロンゲラップ環礁などにも死の灰が降り、住民2万人以上が被曝した。アメリカの核実験が引き起こした最悪の被曝事故になった。実験を行った島は消え、深さ120 m、直径1.8kmのクレーターができた。被曝事故が起きた原因は、核出力の見積りを誤ったからで、4〜8メガトン級の爆発が起きると見積もられていたが、実際にはその3倍規模の爆発になった。これは、水爆の設計をしたロスアラモス研究所のミスだったとされる。この水爆実験は、爆撃機に搭載可能な実用兵器としての水爆の出現でもあった。この年、アメリカは、ビキニ環礁とエニウェトク環礁で、3月1日から5月14日の間に6回の核実験を行った。この水爆実験は、その第1回目であった。

3
広島・長崎への原爆投下

1 原爆投下の意味

　1945年8月初めの時点で日本は壊滅状態にあり、敗戦は決定的であった。あとは、いつ・どのような形で降伏をするかを探っている状態だった。このような状態での日本への原爆投下は無意味だった。

　巨費を投じ苦労をして作成した原爆の威力を試す実験台として、日本の国土を焦き、多くの人々の幸せな未来と命を犠牲にしただけだった。

　原爆投下は、アメリカの軍事力の強大さを世界に誇示し、戦後の世界政治をアメリカ主導で展開させようとの意図からであった。

　第二次世界大戦を早く終わらせ、アメリカ陸軍の犠牲を少なくするためだったというのは、世界の世論に対する単なる言い訳である。その原爆を作成した科学者たちが日本への原爆投下に反対したように、原爆投下による犠牲者はあまりにも多かった。

　そればかりでない。秘密裡に遂行されていたはずのマンハッタン計画は、何人かの自発的なスパイたちによって、ソ連に情報が筒抜けだった。その中にロシア人はいなかった。このことによって、戦後のアメリカによる核独占はそう長くは続かなか

った。アメリカの予想に反して、早くも1949年にソ連は核実験に成功した。

　ここに米ソ核兵器開発競争が始まった。米ソ両超大国による冷戦という、核兵器のバランスとその増産をともなう、不安定で見せかけの戦後の平和が続く。アメリカには、世界で初めての原爆使用国という汚名だけが残った。

ロスアラモス国立研究所（1955年撮影）。マンハッタン計画で原子爆弾開発を目的に、1943年に創設されたアメリカの国立研究機関で、ニューメキシコ州ロスアラモスにある。110平方キロメートルの広大な敷地には、2100棟もの施設が立ち並び、科学者・エンジニア2500名を含む1万人が働く。現在でも核兵器開発やテロ対策などアメリカの軍事・機密研究の中核だが、同時に広範な先端科学技術についても研究をしている。

2 広島への原爆投下

　原爆投下はルーズベルト大統領が準備し、1945年4月12日の彼の急死により、副大統領職から大統領に就任したトルーマンの下で実施された。

　原爆投下都市としては、京都、広島、横浜、小倉、新潟、長崎などが候補に上がったが、最終的には軍事都市広島に決まった。そして世界で初めての核爆弾が、終戦間近の1945年8月6日8時15分に、広島に投下された。

　広島に投下された核爆弾は、ピカドンという名の通り、上空600メートルで強烈な光と数百万度の熱をともなって炸裂した。火球の表面温度は、1秒後に約5000度であったと推測される。光と熱のほか、周囲の大気は熱で膨張して強烈な爆風となり、地上を襲った。爆心地から500メートル離れた場所での爆風は、秒速280メートルであったと考えられる。

　その後、目に見えない形で放射能が人々を襲い、その被害は長く続いた。当時広島市の人口35万人のうち、9万～16万6000人が、被爆から2～4か月以内に死亡したといわれる。日本側は、原爆について、投下されて初めて知るのであるが、アメリカ側では周到に準備していた。

　8月6日は月曜日だった。戦時下の日本に週末の休みはなく、

朝は8時が勤務開始だった。大半の労働者・徴用工たちは、仕事についていた。3日、4日と雨が降ったが、5日は天候が回復し、6日は薄曇りで視界は良好だった。

爆心地は広島市細工町の島病院であり、その上空600メートルで原爆が炸裂した。爆心地500メートル圏内では、閃光と衝撃波とがほとんど同時に襲った。巨大な爆風圧が建築物の大半を一瞬にして破壊し、木造建築はすべてが全壊した。

島病院の鉄筋コンクリートの建物も完全に吹き飛ばされ、院内にいた約800名の職員と入院患者の全員が即死した。鉄筋コンクリートの建物は大破したが、完全な破壊は免れている。

また強力な熱線により、屋外にいた人々は内臓組織に至るまで全身の水分が蒸発・炭化し、非常に多くの遺体が道路上などに散乱した。爆心地を通過していた路面電車は、炎上したまま、遺骸を乗せて慣性力でしばらく走り続けた。

爆心地での生存者はごくわずかであるため、詳しい実態報告は少ない。だが、原子雲と爆風で舞い上げられた大量の粉塵が太陽の光を完全に遮断したので、原爆炸裂後は闇の世界になったという。その闇の中で、高温に熱せられた木造建築物等の発火が始まった。

爆心地1キロメートル地点から見た爆心点の仰角は31度、2キロメートル地点で17度である。したがって、野外にあっても運良く塀や建物等の遮蔽物の陰にいた者は、熱線の直撃は避けられた。しかし、そうでない大多数の者は、熱線を受けた部位に一瞬にして重度の火傷を負った。

また熱線直後の爆風で、数メートルから十数メートルも吹き

飛ばされ、地面や構造物に強く叩きつけられた人もいた。さらに、この爆風は屋外の被爆者の衣類を剥ぎ取り、ほとんど裸の状態になった。そして爆風は、火傷を負った表皮をも皮膚から剥ぎ取った。

建物の内部にいた者は、熱線の直撃からは逃れられたものの、強力な放射線からは逃れられなかった。また次の瞬間に襲った爆風により、爆心地から２キロメートル圏内の木造家屋は一瞬にして倒壊し、多くの人々が倒れた家屋の下に閉じ込められた。

自力で脱出した者、もしくは他者に助け出された者のほかは、熱線によって発火した家屋の火災に巻き込まれて焼死した。火災は同時多発し大火となったため、家屋の下敷きになっている生存者を知りながらも、逃げるしかなかった者も多かった。

そして逃れた者の大半も、家屋の倒壊の際に様々な外傷を受けていた。鉄筋コンクリートの建物内にいた者の多くは、爆風で吹き飛ばされたガラスや建材等の破片が頭や体に突き刺さり、そのままの状態で避難の列に加わった。彼らは水と安全な場所を求め、市内を流れる川に避難を始めた。

爆心地から半径２キロメートル以内の家屋密集地の全域に、火災が広がった。大火による大量の熱気は、強い上昇気流を生じた。それは周辺部から中心への強風を生み出し、火災旋風を引き起こした。火災は半径２キロメートル以内のすべての家屋、半径３キロメートル以内の９割の家屋を焼失させた。

広島市の行政機関は、市の中心部に集中していた。そこは爆心地の近傍（1500メートル以内）であったため、そこにあった行政機関の建物は全壊全焼し、そこにいた職員もすべてが死傷

広島消防局が当時所有していた唯一のはしご車は、被爆のためにこのように残骸化された。

鉄筋コンクリート造りの広島瓦斯本社ビルは、爆心地から250 mにあったが、崩れ落ちてしまった。

原爆を投下される前の広島市上空からの写真（1945年4月13日、米軍撮影）

原爆を投下された後の広島市上空からの写真（1945年8月11日、米軍撮影）

した。そのため、被災と同時に、行政機関としての組織的な能力を失った。

　市内の爆心地からやや遠方（4キロメートル）にあった宇品港の陸軍船舶司令部は被害が軽かった。このため、この部隊が救援活動の中心になった。陸軍船舶練習部に収容され手当を受けた被爆者は、初日だけで数千人に及んだ。また原爆の被災者は、広島湾に浮かぶ似島の似島検疫所に多く送られている。その数は1万人にのぼったという。

　この船舶練習部以外にも、市内各所に計11か所の救護所が開設された。市内関係者は9割近くが罹災したため、罹災者救援には周辺地域から多くの救護班が入った。8月・9月の救護所収容者の累計は10万人を超え、外来治療者は20万人を超えた。

　爆心地から500メートル以内の被爆者では、即死および即日死が90パーセントを超え、500メートルから1キロメートル以内での被爆者では、即死および即日死が60〜70パーセントに及んだ。生き残った者も、7日目までに約半数が死亡、次の7日間でさらに25パーセントが死亡した。

　11月までの集計では、爆心地から500メートル以内の被爆者は98パーセントから99パーセントが死亡し、500メートルから1キロメートル以内での被爆者では約90パーセントが死亡した。

　広島原爆には約50キログラムのウラン235が使用されており、このうち核分裂を起こしたのは1キログラム程度だったと推定されている。広島原爆はウラン型原爆であり、一定量以上のウラン235を「寄せ集める」だけで臨界爆発を起こす。

　核分裂の爆発エネルギーは、爆風（衝撃波・爆音）・熱線・

放射線となって放出され、それぞれの割合は50パーセント・35パーセント・15パーセントであった。

爆発の瞬間における爆発点の気圧は数十万気圧に達し、これが爆風を発生させた。爆風によって、一般家屋のほとんどが破壊された。

風速は強い台風の10倍である。爆風のエネルギーは風速の3乗に比例する。すなわち、原爆の爆風は、エネルギー比では台風の1000倍であった。

核分裂で出現した火球の表面温度は、数万度に達した。核分裂反応により、大量のアルファ線・ベータ線・ガンマ線・中性子線が生成され、地表には透過力の強いガンマ線と中性子線が到達した。地表では中性子線により物質が放射化され、誘導放射能が生成された。

炸裂した原爆の高熱により、巨大なキノコ雲（原子雲）ができた。キノコ雲の到達高度は、米軍機が撮影した写真をもとに測定すると、1万6000メートルに達している。600メートルという低高度爆発であったため、キノコ雲は地表に接し、爆心地に強烈な誘導放射能をもたらした。

熱気は上空で冷やされ、雨になった。この雨は大量の粉塵・煙を含んでおり、粘り気のある真っ黒な大粒の雨になった。この雨を「黒い雨」という。この雨は放射性降下物を含んでいたため、雨を浴びた者を被曝させ、土壌や建築物・河川等を放射能で汚染した。

なお、放射線、核分裂生成物、核爆発時に生じた大量の中性子線による誘導放射能等により被曝した者を、「二次被曝者」

という。被爆者の救援活動等のため、広島市外から広島市に入市し、誘導放射能等により被曝した者を「入市被曝者」という。

原爆による人的被害は、熱傷に起因するもの、外傷によるもの、放射能症によるものに大別される。

原爆の熱線には、強烈な赤外線・紫外線・放射線が含まれる。爆心地から600メートル離れた所でも、2000度以上に達したと見られる。1キロメートル以内にいた人では5度の重い熱傷を生じ、表皮は炭化し、皮膚は剥がれて垂れ下がった。

熱線による被害は、3.5キロメートルの距離まで及んだ。また、熱線で発火した家屋の火災による2次熱傷を受けた者もいた。爆心地から1キロメートル以内で屋外被爆した者は、重い熱傷のため、7日間で90パーセント以上が死亡している。

外傷については、原爆の爆風により破壊された建物のガラスや建材等が散弾のように飛び散り、それらが全身に突き刺さって重傷を負う者がたくさんいた。戦後何十年も経過した後になって、体内からこの時のガラス片が見つかるといった例さえあった。

爆風により人間自体が吹き飛ばされ、構造物等に叩きつけられ、全身的な打撲傷を負ったり、体への強い衝撃により眼球や内臓が体外に飛び出すといった状態を呈した者もいた。このような全身的な被害を受けた者は、ほとんどが死亡した。

放射能症を引き起こした放射線量は、爆心地で103シーベルト(ガンマ線)・141シーベルト(中性子線)、また爆心地500メートル地点で28シーベルト(ガンマ線)・31.5シーベルト(中性子線)と推定される。

すなわち、この圏内の被曝者は致死量の放射線を浴びており、即死・即日死ないしは1か月以内に大半が死亡した。また爆心地5キロメートル以内で放射線を浴びた被曝者は、急性放射線症を発症した。その他の長期的な影響もさまざまに報告されている。

広島に投下された原爆によってできたきのこ雲（米軍機撮影）

3 長崎への原爆投下

 広島に原爆を投下したアメリカは、2つ目の原爆投下を検討した。候補地は北九州の小倉あるいは長崎だった。原爆の種類は広島のウラン型ではなく、プルトニウム型であり、爆発すれば広島型の1.5倍の威力を持つと考えられていた。

 8月9日午前11時2分に長崎で投下された核爆弾ファットマンは、長崎市の人口24万人のうち約14万9000人を死亡させ、建物の約36パーセントを全焼または全半壊させた。ファットマンは、周りが平坦な土地であった場合には、広島を超える被害があったとされる。

 長崎市に落とされたプルトニウム型原爆に使われたプルトニウムは、自然界ではウラン鉱石の中にわずかに含まれているだけである。この原爆に使われたプルトニウム239は、ウラン238に中性子をぶつけ、2段階のベータ崩壊を起こさせて、生成したものだった。1942年5月に、シカゴ大学のキャンパス内に、そのための研究原子炉が造られ、実際にプルトニウムを生産した。

 しかし、プルトニウム原爆の製造に必要な量のプルトニウムを生産するには、この研究炉では小さすぎることがわかった。そこで、同年9月に、マンハッタン計画の下で、プルトニウム

生産の巨大設備建設が始まった。

　近世には、海外交易の唯一の窓口として栄えた長崎は、明治維新後も、上海など大陸への船舶航路の拠点となり、造船業や石炭鉱業で栄えていた。浦上地区は、1920年の長崎市への合併までは、長崎市近郊の村だった。

　しかし、三菱製鋼所や三菱兵器工場などの工場施設、長崎医科大学や長崎商業学校などの文教施設をはじめとして、公的施設も各種のものが整備されていた。

　近世のキリシタン弾圧から、明治維新を経て信仰の自由を得た浦上の信徒らは、約30年の歳月を費やし、ロマネスク様式の名建築だった浦上天主堂を、1914年に建立していた。

　原爆を搭載した爆撃機は、テニアン島の航空基地から飛び立った。気象観測・計測・写真撮影などの任務をもった５機も出撃した。原爆の投下目標だった小倉陸軍造兵廠の上空には、雲か霞が漂っており、投下目標をとらえられなかった。この後も２回、目標捕捉が試みられたが、いずれも失敗した。

　このため目標を、小倉市から、第２目標だった長崎市に切り替えた。戦闘機の迎撃も、対空砲火もなかった。しかし長崎市も、80〜90パーセントが雲に覆われていた。たまたま、雲の切れ目から、少しだけ長崎市内が見えた。そこで、高度9000メートルから原爆が投下された。

　原爆投下から約１分後の11時２分、原爆は高度503メートル付近で炸裂した。長崎市街の中心部からは、約３キロメートルも離れていた。

　原爆は浦上地区の中央で爆発し、この地区を壊滅させた。朝

から警戒警報が出されており、いったんは避難した市民も多かった。しかし午前10時すぎに警戒警報が解除されたので、大半の労働者・徴用工・女子挺身隊は、軍需工場での作業に戻っていたと言われる。

　浦上天主堂では、原爆投下時に儀式を行っていた。司祭も数十名の信者も、崩れた建物の下敷きになって全員が即死した。長崎医科大学でも、大勢の入院・通院患者や職員が犠牲となった。長崎市内には捕虜を収容する施設もあったので、連合軍兵士にも大勢の死傷者が出たと言われる。

　原爆は、浦上地区の中央で爆発し、長崎市街中心からは約3キロメートル離れていた。また、爆心地周辺には、金比羅山など多くの山があって、これが熱線や爆風を遮蔽した。それでも、長崎市の人口24万人のうち約14万9000人が犠牲になり、建物の約36パーセントを全焼・全半壊させている。

　長崎県の防空本部は地下壕にあり、被爆時にはそこで空襲対策会議がもたれていた。そのため、県知事以下の防空本部の幹部は健在だった。だが、被爆直後には通信が途絶した。また火災が急速に拡大する中で、救護活動は困難をきわめた。

　警察などからも救護隊が出動したが、道路上に散乱した瓦礫などが交通を妨げ、激しい火災も、救護活動を困難にした。そうした混乱の中、国鉄の列車が、原爆投下からわずか3時間後に、炎がまだ燃え盛る爆心地近くまで接近し、多数の負傷者を乗せて沿線の病院などへ搬送した。

　薬品や器材が不足する中、医師や看護師たちによって救護活動が開始された。しかし、被災者はあまりにも多く、負傷者に

原爆被爆により荒野のようになった長崎市の浦上天主堂付近

原爆被爆から3か月半後に浦上天主堂で、多くの犠牲者を悼んで行われた慰霊祭（1945年11月23日）

長崎原爆投下の15分後に香焼島から撮影されたきのこ雲

復旧した長崎本線（1946年、米国戦略爆撃調査団撮影）。画面中央にあるはずの長崎電気軌道の線路は未復旧

対し十分な応急処置を施せる状態ではなかった。

　夕方には、近郊の病院などからの救護隊が、夜には県下の警防団などで組織された救護隊が、それぞれ救護活動を開始した。救援列車は、夜半ころまでに、最初の列車を含めて４本が運転され、負傷者を諫早・大村・川棚・早岐方面の医療施設へ搬送した。

　長崎市は山が多いので、これによって熱線や爆風がさえぎられた。そのため、広島よりも被害規模は小さくなった。しかし、周りが平坦な土地であった場合には、広島よりも大きな被害を生んだと言われる。原爆としての威力は、広島型の1.5倍だったと考えられる。

　最初の標的であった小倉市に投下された場合には、土地が平坦であり、本州と九州の接点に位置するために、関門海峡が丸ごと被爆し、現在の北九州市一帯から下関市にまで被害は広がり、死傷者は広島よりも多くなっていただろうと、推定されている。

　長崎市では、被爆建物の保存よりも、復興を優先的に実施したと言われる。そのため、浦上天主堂をはじめとする被爆建物のほとんどが取り壊されることになった。長崎には、被爆の状況を視覚的に理解できる広島の原爆ドームのような遺構はきわめて少ない。

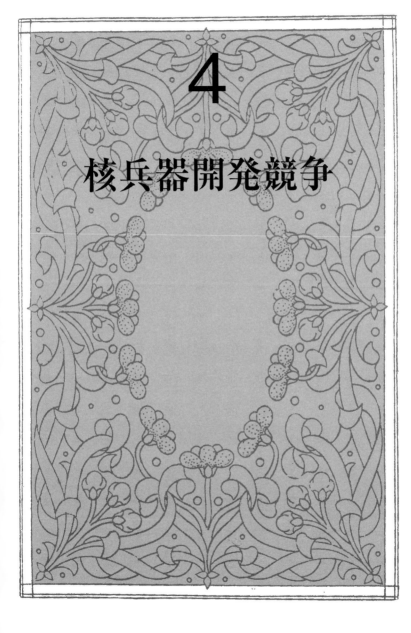

4
核兵器開発競争

1 ソ連の核兵器開発

ソ連を中心とする社会主義陣営と、アメリカを中心とする資本主義陣営との対立は、第二次世界大戦中から潜在的にはあったが、戦後まもなく顕在化した。そこでソ連は、アメリカに対抗するため核兵器開発を行う。

ソ連は、アメリカと他の連合国とによる核開発計画に参加できなかった。しかし戦時中を通して、ソ連は多くの情報を、マンハッタン計画内の自主的なスパイたちから受け取っていた。また、ソ連の核物理学者イーゴリ・クルチャトフは、連合国の兵器開発を注意深く見守っていた。

そのため、ポツダム会議の席で、アメリカが強力な新型兵器を開発したとトルーマンから聞かされたスターリンが、驚くことはなかった。スパイの中には、ドイツからの亡命者である理論物理学者のクラウス・フックスなどがいた。その他ロスアラモスにいたスパイには、セオドア・ホールやデビッド・グリーングラスなどがいる。

第二次世界大戦直後、さまざまな兵器の国際的な統制が議論の的になった。原爆開発にかかわったロスアラモスの科学者たちは、「原子力の国際統制」の必要性を説いた。1945年11月には、アメリカ・イギリス・カナダの3か国が、原子力の国際管

理をつかさどる委員会を国連に設置することを提案した。

12月27日には、アメリカ・イギリス・ソ連が参加したモスクワ3国外相会議で、その設置が声明として盛り込まれ、翌46年には原子力委員会を国連安全保障理事会の下に設立することが決議された。

しかしアメリカは、国際管理体制が機能するまでは原爆を保有することを明確にした。そのためソ連の離反を招き、ソ連は独自に核兵器開発を押し進めることになった。国連原子力委員会は、48年5月に無期限休会に入った。

そこでソ連は、ウランをどこから得るかを検討した。そして、チェコスロヴァキアの古い鉱山でウランを発見した。

ソ連はベリヤ（スターリンの腹心で大粛清の実行者として知られる）の監督下で、ファットマン型原爆の開発プロジェクトを開始した。ロスアラモスを模したソ連の都市サロフで、物理学者のユーリ・ハリトンが原爆開発の指揮を取った。

1949年8月29日、アメリカの見込みよりも数年早く、ソ連は核実験に成功した。9月3日、日本近海からアラスカに向けて飛んでいたアメリカ軍の気象観測機が、大気中から高濃度の放射能を帯びた塵を採取した。これにより、アメリカの原子力専門家グループは、ソ連が核実験を行ったと判断した。

ソ連の核実験成功により、アメリカの核独占は破れた。このようにして、アメリカの核独占は失われ、両国は終わりのない核兵器開発競争を続けることになる。米ソ両大国を中心とする冷戦的対立時代の次の課題は、原子爆弾よりもいっそう強力な水素爆弾の開発になった。

2 水素爆弾の開発

　核分裂反応による原子爆弾よりも、核融合による水素爆弾は、いっそう強力である。その水素爆弾を開発する構想は、戦前からあった。しかし、実際に実施されたのは第二次世界大戦後である。

　トルーマン大統領は、ソ連による1949年の原爆実験を受けて、1950年1月31日に水素爆弾開発の計画を表明した。ハンガリー人の物理学者エドワード・テラーが提案した原子力の第二研究所であるローレンス・リバモア国立研究所が建設され、ここで研究が始まった。

　そしてロスアラモスの数学者スタニスワフ・ワラムによって、原子爆弾と核融合物質を爆弾の中の別の場所に配置し、原子爆弾の圧力を核融合物質の起爆に使えば、核融合兵器ができるという理論が示された。

　テラーはこの考えを押し進め、重水素の核融合の実現可能性を確かめ、多段階水爆実験を実施した。最初の核融合爆発実験は、1952年11月1日に、珊瑚礁で囲まれた太平洋のエルゲラブ島で実行された。

　爆発した水爆は、広島型原爆の1000倍のエネルギーを持っていた。火の玉は直径4.8キロメートルにも広がり、エルゲラブ

島は一瞬のうちに姿を消した。

発生したキノコ雲の中に、爆発から2時間後に、4機の戦闘機が入って、放射性物質のサンプルを採取しようとした。しかし、激しい気流の渦に巻き込まれて1機が墜落し、パイロット1人が死亡した。

この水爆は6メートルもの高さと、64トンもの重量があった。重水素を液体に保つための10トンを超える冷却装置さえあったので、いかなる飛行機でも運搬できなかった。そのため、実践兵器としては使用できなかった。マイクと呼ばれたこの爆発物は、長崎原爆の450倍を超えるエネルギーを放出した。

ソ連はこれに対抗して、1953年8月12日に、アンドレイ・サハロフが設計した最初の水素爆弾を爆発させた。しかしソ連の水爆は、数百キロトン（ＴＮＴ換算）のエネルギーを放出しただけだったとされる。

1954年3月1日、アメリカは航空機に搭載可能なリチウムの同位体を用いた水素爆弾を爆裂させた。実験はマーシャル諸島にあるビキニ環礁で実施された。この水爆実験は、想定よりもはるかに大規模な爆発になった。このため、アメリカの歴史でも最悪の放射性物質による被害をもたらした。

死の灰による健康被害は、日本のマグロ漁船第五福竜丸やマーシャル諸島の住人に及んだ。第五福竜丸は、アメリカが設定した危険水域の外で操業していた。危険を察知して海域からの脱出を図ったが、数時間にわたって放射性降下物の降灰を受け続け、船員23名が全員被曝した。無線長だった久保山愛吉は「原水爆による犠牲者は、私で最後にして欲しい」との言葉を

残して、半年後の9月23日に死亡した。

この水爆実験で放射性降下物を浴びた漁船は数百隻にのぼるとみられ、被曝者は2万人を越える(24ページの写真説明を参照)。第五福竜丸の被曝事件は、日本における反核運動が始まるきっかけにもなった。

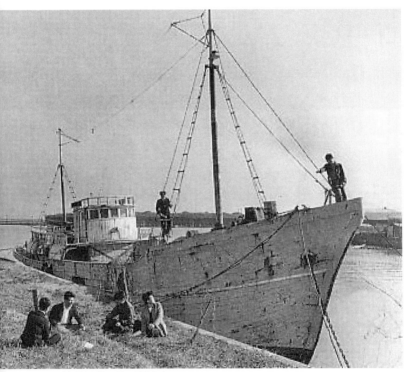

被曝以前の第五福竜丸

被曝マグロが恐れられ、被曝していないマグロも売れない風評被害がしばらくの間は蔓延した。

エニウェトク環礁は、1948年から1962年までアメリカの核実験場にされた。その核実験への反対を掲げた日比谷野外音楽堂での集会

核兵器開発競争

第3回原水爆禁止世界大会(1957年)。第1回原水爆禁止世界大会は1955年8月に広島で、第2回原水爆禁止世界大会は翌56年に長崎で開かれた。

原水禁広島・長崎大会(1964年8月6〜8日)

原水爆禁止世界大会に際して、広島市街でデモ行進をする学生たち

日比谷野外音楽堂での全日本学生総決起中央大会（この総決起中央大会前の4月4～6日の全学連第8回中央委員会は、核実験禁止・小選挙区制反対・教育三法反対等の闘争方針を打ち出し、ストライキやデモを活発に行うようになり、学生運動の復活に至る。1956年5月26日）。

全日本学生総決起中央大会（1956年5月26日）。この後、6月9～12日に開かれた全学連第9回大会は、第8回中央委員会の方針を確認した。これ以降、学生運動が活発になる。

原子力潜水艦寄港反対デモ（1964年10月）。1964年11月には佐世保にシードラゴンが、66年5月には横須賀にスヌークが初寄港した。今では、2012年の1年間で、米原潜の日本寄港は17隻65回延べ174日に上っている。

学部の学生大会（1964年11月25日）

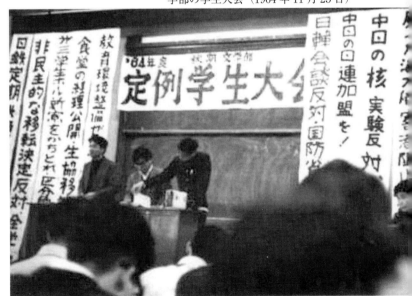

3 核兵器開発競争

　核兵器を開発した国は、設計通りの爆発力を発揮できるかどうかの実験を繰り返すようになり、世界は放射能に汚染されていく。冷戦当時、アメリカは南太平洋のビキニ環礁で、ソ連はカザフ共和国のセミパラチンスクで、核実験を行った。

　原爆の開発を進めたのはアメリカとソ連だけではなく、イギリスやフランスが、マンハッタン計画に参加していた自国の科学者たちの情報で核開発を進めた。イギリスが1952年10月に、フランスが1960年2月に、西太平洋とサハラ砂漠で初めての核実験を行った。

　アメリカやイギリスの仮想敵国はソ連であったが、フランスはそれよりむしろドイツを警戒していた。将来再び隣国ドイツとの戦争になることを恐れていた。

　世界で5番目の核保有国となった中国は、同盟国ソ連の技術援助によって核開発を進めた。中国の仮想敵国はアメリカであったが、後にソ連との関係が悪化し、ソ連も仮想敵国に入っていく。

　また水爆は、1952年にアメリカ、1953年にソ連、1958年にイギリス、1967年に中国、1968年にフランスが開発・保有するようになった。

世界の核兵器の総量は、地球上の全人類を滅ぼすのに必要な量をはるかに上回っていた。アメリカは1966年に3万2000発、ソ連は1986年に4万5000発、イギリスは1981年に350発、フランスは1992年に540発、中国は1993年に435発を保有した。1986年には、5か国合計で約7万発を保有していた。

　また、核による先制攻撃によって相手国に致命的なダメージを負わせ戦争に勝利するという戦略を不可能にするべく、相手国の攻撃を早期に探知し報復するためのシステムが構築された。また核兵器の小型化にともない、戦略的な使用のみならず戦場などで使用される戦術核兵器も開発された。

　こうして、核兵器開発競争は限りなく激化した。核兵器は、爆発した時に大量殺人を引き起こすだけではない。爆発した後、放射性物質を世界中にばらまき、地球を放射能で汚染させてしまう。

　また東西冷戦が激化する中で、核兵器を相手国に運び込む運搬手段の開発も進められた。核兵器を爆撃機に搭載して相手国の上空で爆発させるのではなく、ミサイルに搭載して相手国に向けて発射し、壊滅的な打撃を与えることができるようになった。

　大陸間弾道ミサイルは、発射から十数秒で大気圏外に飛び出し、宇宙空間を飛んで、相手国の上空で大気圏に再突入し、目標地点で落下爆発する。

　核兵器開発競争は留まることがない。しかし、やがてひとたび核戦争が起きれば、双方共倒れになるばかりではなく、人類が絶滅することが共通認識になる。

核兵器は、相手の核攻撃から自国を防ぐための核抑止力になる、として強調されるようになる。すなわち、核攻撃をさせないためのものになった。これは危険な核の均衡の上での幻の平和に過ぎない。

　ここから、核兵器全廃への運動が起きる。現在、原水爆禁止運動は、日本を中心として世界的規模で展開されている。しかし、核兵器廃絶はいまだ実現されていない。

5
原子力の平和利用と原子力発電

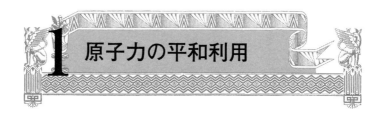
原子力の平和利用

　第二次世界大戦末期の1945年、アメリカは広島・長崎に原子爆弾を投下し、多くの犠牲者を出した。その後も1948年に太平洋で核実験を行い、1949年にはソ連も核兵器を備えるに至る。それに対抗する形で、アメリカはより強力な水素爆弾の開発を進め、1952年11月に水素爆弾の爆発実験を成功させた。

　1953年1月にアメリカ大統領に就任したアイゼンハワーは、東西冷戦の中で核兵器開発競争が急速に進むことで、核戦争の危険性が現実化しつつあるとの危機感を抱いた。

　1953年12月8日、アイゼンハワー大統領は「平和のための原子力」と題された演説で、「わが国は、破壊的でなく、建設的でありたいと望んでいる。国家間の戦争をではなく、合意を欲している」と、アメリカが戦争でなく平和を望んでいることを世界にアピールした。

　そして、原子力・核・ウランなど、核保有国が持っている情報を1か所に集め、それを国際機関に管理させようという提案をした。そのために国際的な原子力機関を作り、原子力を平和利用するために、アメリカはどの国に対してもそのための技術を提供しようというものであった。

　原子力の平和利用とは原子力発電であり、特に電力の乏しい

地域に電力を供給することが原子力機関のひとつの目的になるとし、それにかかわる関係国にはソ連も含まれるとした。

アイゼンハワーの演説を契機として、国際原子力機関（IAEA）が1957年に設立された。しかし、原子力の平和利用は原子力技術の温存であり、決して安全なものではなく、放射能汚染の拡大を放置するものでもある。IAEA設立後も、核実験は行われ、核の脅威はなくなっていない。

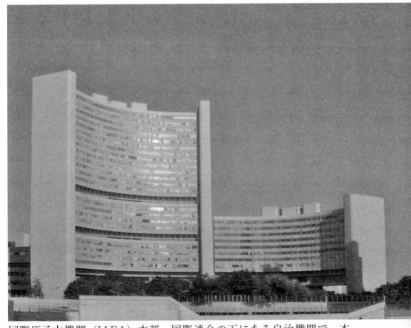

国際原子力機関（IAEA）本部。国際連合の下にある自治機関で、本部はオーストリアのウィーンにあり、トロントと東京に地域事務所、ニューヨークとジュネーヴに連絡室がある。

原子力の平和利用と原子力発電

2 原子力発電の導入

　史上初の原子力発電は、1951年にアメリカで実験段階のものが行われた。実用としては、1954年に稼働したソ連のオブニンスク原子力発電所が世界初である。

　商用としては、1956年にイギリスのコールダーホール原子力発電所が運転を開始した。アメリカでの最初の商用原子力発電所は、1957年12月に完成したシッピングポート原子力発電所である。

　日本では、1952年の平和条約発効とともに、原子力研究が解禁された。1956年に原子力委員会が設置され、同年6月には日本原子力研究所が茨城県東海村に設置された。そして1963年10月26日、日本初の原子力発電が行われた。

　1972年に、ローマクラブは報告書『成長の限界』を公刊し、地球の資源とくに原油の埋蔵量には限界があると指摘した。その直後、1973年（第4次中東戦争）と1979年（イラン革命）の2度にわたる石油危機で、原油の価格が高騰した。

　また日本では、政情が必ずしも安定しているとは言えない中東諸国に原油供給の多くを依存しており、その供給がいつ途絶するかもしれないという危惧がある。そこで、石油に主に依存している火力発電の問題点が指摘されるようになる。

1980年代以降、日本の発電は、比較的少量のウランで多くのエネルギーを継続的に得られる原子力に依存するようになった。1980年には原子力発電の割合は水力発電を下回っていたが、1990年代には原子力発電が全体の発電量の30％を超えた。福島第一原発事故当時、日本の原子力発電所は17か所で、原子炉が54基あった。

　核分裂の熱エネルギーで高圧の水蒸気を作り、タービンを回して発電するのが、原子力発電である。ウランを人為的にコントロールしながら核分裂させる装置が原子炉である。

　原子炉には重水炉もあるが、日本の原子炉は軽水炉であり、沸騰水型と加圧水型がある。沸騰水型は東北電力、東京電力、中部電力、北陸電力、中国電力で使われ、加圧水型は北海道電力、関西電力、四国電力、九州電力で使われている。

　原子力発電は、火力発電と違って、二酸化炭素を発生させないと言われる。しかし、核分裂の際に放射性物質を出すため、人間や環境には有害な方式である。なお、原子力発電が地球温暖化を防ぐというのはウソである。原子力発電にともなって発生する高熱の冷却水を冷やすために、大量の海水を使い、暖められたその海水を大量に海に放出している。この暖められた海水を通して、核分裂で生じたエネルギーを、海に排出し、海水温の上昇をもたらしているのである。

　また原子力発電は、福島第一原発での事故をはじめ、多くの事故を起こしてきた。そのたびに、有害な放射線を大規模に放出した。そのうえ、核分裂の際に発生する放射性廃棄物の最終的な処分の方法が、いまだ確立されていないのが現状である。

　原子力発電の仕組み

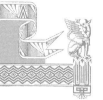

　原子力発電は、ウランの核分裂反応によって生じる熱を利用して発電する。すべての物質は原子から成り立っているが、原子の中心には原子核があり、それは陽子や中性子の集まりである。

　原子力発電に使われるウランの原子核に人工的に中性子をぶつけると、2つの原子核に分裂する。すなわち核分裂である。核分裂する時に、熱エネルギーと2～3個の中性子を放出する。この中性子がさらに、ウランの核にぶつかり再び核分裂が起きる。このような連鎖反応を利用して、膨大なエネルギーを取り出して発電するのが原子力発電である。

　自然界にあるウランには、核分裂しやすいものと、そうではないものがある。核分裂しやすいものはウラン235であり、ウラン鉱石のうちに0.7パーセントしか含まれていない。それを濃縮したものがウラン燃料である。

　原子炉の中心でウランが核分裂を起こすと、2000度前後の熱が発生する。この熱で水を高温・高圧の蒸気に変えてタービンを回すのだが、原子炉の中は70～100気圧なので、水は約300度の高温である。水は減速材と冷却材の2つの役割を果たす。

　このような原子炉を軽水炉と言う。海外では違うものもある

が、日本では軽水炉が使われている。軽水炉には沸騰水型と加圧水型があり、加圧水型の方が複雑であるが、性能は優れている。

軽水炉でウラン235を燃料にする場合には、制御棒を挿入し制御棒と燃料集合体との関与面積を増やすと、制御棒が中性子を吸収し核分裂が止まる。制御棒を引き抜くと遅速中性子が増えて核分裂を促進する。

制御棒の中には、ホウ素（ボロン＝boron）の化合物であるホウ酸が詰まっている。ホウ素は中性子を吸収するので、ウランが核分裂しなくなる。中性子吸収剤として使用する場合、水溶しやすいホウ酸として利用することが多い。

制御棒は通常時は水圧で制御する。しかし、緊急時には窒素の圧力を利用して急速挿入する（スクラム、緊急停止）。水圧を作るポンプ類に不具合が発生し水圧が下がっても、制御棒は窒素圧で挿入され、原子炉は停止する。

一方、水（軽水）には、中性子を減速させる作用がある。このため、水（軽水）があると、遅速中性子が増え、核分裂が進行する。しかし、軽水がないと中性子は高速中性子になり、ウランは核分裂を停止する。

ところで、制御棒の中心物質であるホウ酸（ボロン）は、中性子を吸収して、核分裂を止める。原発の現場では、ボロン水溶液を「液体毒物」と呼び、これを使用した時は原子炉が死ぬ時だとしている。

緊急時に原子炉にボロンを投入して核分裂反応を止めるシステムを、「液体毒物注入系」（ホウ酸水注入系）と呼ぶ。福島第一原発の事故でも、大量のボロン水を投入して臨界を止めた。

原子力の平和利用と原子力発電

4 沸騰水型と加圧水型

沸騰水型軽水炉（BWR）は、ウラン235を用いた原子炉のうち、純度の高い水が減速材と一次冷却材を兼ねる軽水炉である。核分裂反応によって生じた熱エネルギーで軽水炉を沸騰させ、高温・高圧の蒸気として取り出す。

炉心で取り出された汽水混合流の蒸気は、汽水分離器・蒸気乾燥機を経て、タービン発電機に送られ電力を生む。原子炉としては単純な構造であり、日本で設置されてきた原子炉の中では最も多いタイプである。

しかし、原子炉の炉心に接触した水の蒸気を、直接に発電タービンに導いている。このため、原子炉だけでなく、発電装置を含む多くの機材が、放射性物質に汚染される。そのため、廃炉に際しては、加圧水型軽水炉よりも多くの放射性廃棄物が発生することは明らかである。このため、廃炉コストがかさむことになる。

また、その汚染のために、作業員の被曝量が加圧水型軽水炉よりも多くなる。発電に利用された蒸気は放射性物質に高度に汚染されているため、蒸気を回収し再循環させるだけでなく、タービン建屋などこれにかかわるすべての系を遮蔽することで、放射線が外部に漏れ出すことを防がなくてはならない。

外部からの核分裂反応の制御は、主に制御棒や冷却水量の増減で行われ、炉心を冷却する機能を失う事故が発生したときには、非常用炉心冷却装置を動作させる。

　一方、加圧水型軽水炉（ＰＷＲ）は、核分裂反応によって生じた熱エネルギーで１次冷却材である加圧水を300度以上に熱し、その１次冷却材を蒸気発生器に通し、そこで発生した２次冷却材の高温高圧蒸気によりタービン発動機を回す。

　発電炉として、原子力発電所の大型プラントのほか、原子力潜水艦・原子力空母などの小型プラントにも用いられている。１次冷却系と２次冷却系という分離された冷却系を持つので、放射性物質を１次冷却系だけに閉じ込めることができる。

　このため、沸騰水型軽水炉のようにタービン建屋を遮蔽する必要がなく、タービン・復水器が汚染されることは事故以外ではありえず、保守時の安全性でも有利である。

　ただ、蒸気発生器という沸騰水型軽水炉にはない複雑に絡み合った熱交換器があるので、ポンプや配管類が必然的に増えてしまう。このため、それらの保守や安全確保には、また異なった配慮と慎重さが求められる。

　実際に、蒸気発生器に原因のあるトラブルは、過去によく起きていた。近年にあまり事故が起きていないのは、保守担当者の努力と労力に負うところが大きい。

5 核燃料サイクル

　原子力発電所で使われたウラン燃料の中には、核分裂せずに残ったウラン235のほか、新たに生み出されたプルトニウム239が含まれている。そのため核分裂しやすく、原子力発電の燃料として再利用できる。プルトニウム239は、ウラン燃料に含まれていたウラン238が核分裂によって変化して生成されたものである。

　使用済みウラン燃料から取り出されたプルトニウムは、高速増殖炉で核分裂しながら燃料に入れられたウラン238をプルトニウム239に変え、さらにプルトニウム239を増やす。高速増殖炉は、資源の少ない日本では大きな期待がかけられていた。しかし、技術的にも経済的にも実現可能性が高くはない。

　高速増殖炉の完成を前提として、ウラン燃料の再利用の仕組みを考えたのが「核燃料サイクル」である。核燃料サイクルが実現すれば、軽水炉の使用済みウランから取り出したプルトニウム239を、高速増殖炉を利用し、使った以上のプルトニウム239を生み出し、再度高速増殖炉で使うことが可能になる。

　ただし、これはあくまでも理論上のことであり、高速増殖炉の実用化・核燃料サイクルの完成は、壁にぶち当たったままである。

 プルサーマル

　使用済みウラン燃料から回収されたウラン235は、再び原子炉で使う燃料に加工される。

　一方、プルトニウム239は、理論的には高速増殖炉で使う燃料として加工できる。しかし、高速増殖炉は現段階としては実用化されていない。だから、プルトニウム239は増えるばかりである。

　また、このプルトニウム239は、核兵器に転用することも可能である。

　ウランとプルトニウムを混ぜて、MOX燃料として、軽水炉で使うのがプルサーマルである。プルサーマルは今まで数か所の原子力発電所で行われたが、本格的にはいまだ導入されていない。

　それは2つの問題点があるからだ。1つは、プルトニウム239は核分裂のスピードが速く、制御が困難であり、事故の危険性があるからだ。

　2つ目は、プルトニウム239はアルファ線という放射線を出し、被曝すると発癌の可能性が高く、事故を起こさないように厳しく管理する必要があるからだ。

ウラン鉱石

イエローケーキ

燃料ペレット

使用済み燃料

6 原子力事故

原子力事故は、原子力関連施設での放射性物質や放射線に関連する事故をさす。放射性物質や強力な放射線が施設外へ漏れ出すと、人々の健康・生活や経済活動に大きな被害をもたらす。

　原子力関連施設内での事故であっても、放射性物質や放射線の漏出にまったく関係のない事故は、原子力事故とは呼ばない。

　原子力発電所などで事故が発生した場合には、国際原子力事象評価尺度（ＩＮＥＳ）による影響の指標が「レベル０」から「レベル７」までの８段階の数値で公表される（76ページの図を参照）。

　日本の原子力関連施設では、放射性物質が環境中へ放出されて公衆の健康を害する恐れが生じた場合や、それ以上を「事故」と呼び、そのような状況に至らない施設内での不測の事態は「異常事象」と呼んで区別している。

　核燃料集合体は、複数本の燃料棒からなっている。燃料棒は、核燃料を円筒状の耐熱ジルコニウム合金（ジルカロイ）の容器に入れ、多数個まとめたものである。

　原子炉内（炉心）では燃料棒が非常に大きな崩壊熱を出しているため、原子炉冷却機能が失われるとジルカロイから発生した水素が水素爆発を起こすおそれがある。それだけでなく、燃料棒が溶解・崩壊し、圧力容器に残った冷却水を高温・高圧にして、水蒸気爆発を起こす危険がある。

　さらに、燃料が原子炉の底を溶かし（溶融貫通＝メルトスルー）、炉外に漏れ出す危険がある。また、その冷却水等または地下水脈との反応による水蒸気爆発や、地下水脈への放射性物質の流出による大規模な放射能汚染、さらには再臨界のおそれ

もある。

　実際に事故が炉心溶融に至った例として、1979年のスリーマイル島事故、1986年のチェノブイリ事故、2011年の福島第一原子力発電所事故が挙げられる。

　原子炉格納容器や原子炉建屋内に水素がたまると、酸素と結合して水素爆発することがある。水蒸気の発生でも、水蒸気爆発することがある。爆発により遮蔽がなくなった原子炉からは、蓄積された大量の放射性物質が外部に放出される。

　そうした爆発を防ぐため、「ベント（弁を開いて水素や水蒸気を逃すこと）」を行う。ただし、ベントの際に放出される気体・水蒸気は、放射能汚染されている。爆発よりはマシ、ということである。

　原子炉は、常に冷却する必要がある。しかし、冷却剤が配管の破断で喪失する、循環系ポンプが故障する、冷却水の取水が不足するなどした場合には、炉心溶融につながり、大事故に発展する。

　原子炉の臨界終息後も、核分裂生成物の熱崩壊による熱を取り去るために、冷却を継続する必要がある。計器もマニュアルも人間が作るものである以上、設計ミス、製造ミス、チェックミス、操作ミス、故障などが起こり得る。

　また、運転員や管理者はマニュアルに沿って運転するが、その運転が必ずしも状況に即した適切な対応になるとは言えない。想定外の事象が起こった場合には、運転員や管理者が現状を把握しきれず、その誤った操作が事故を加速させてしまうこともある。

福島第一原発事故では、1号機において、緊急時に原子炉を冷却する場合は最初に冷却器を使わずに主蒸気を逃し安全弁を開けて原子炉の圧力を下げて処する手順書通りに操作し、事態が悪化したとする報道もある。しかし、事実はこれと異なり、過去に使用履歴のない非常用復水器が起動されたとの報告が出されている。

　スリーマイル島原子力発電所事故では、各種警報がいっせいに発せられた結果、それらのプリントアウトが間に合わなくなり、対応が100分も遅延した。非常用給水弁の開け忘れ、「マニュアル通り」の主冷却剤ポンプ停止措置などが、事態を深刻化させた。

　高濃度の放射性物質が集まり、核反応が連鎖的に続く状態になることを「臨界」という。原子力発電の安全性は、この臨界を原子炉内でコントロール（制御）できるかどうかにかかっている。

　東海村ＪＣＯ臨界事故では、ルールに反して作業員がバケツを使って放射性物質を取り扱い、制御できない臨界が起きた。

　臨界が起きると、その場所から周囲に中性子が放射される。中性子は構造物を貫きやすく、通常の防護服や防護機材さえ貫通して、長距離（数百メートルから数キロメートル以上に及ぶ）にわたって生物の細胞を損傷する。また、中性子により、普通の原子が放射性原子に変化する中性子放射化が起こる。

　原子力施設の停電も問題である。電源が失われると原子炉を冷却できなくなり、高温が水を蒸発させ、水が失われる重大事故（冷却材喪失事故）を引き起こす。冷却材喪失は、炉心溶融

につながり、水蒸気爆発または水素爆発により大量の放射性物質が外部に漏れることになる。

また、放射性物質貯蔵システムでも崩壊熱が出続けるため、当面の間（数年以上）は冷却を続けなければならない。

電力が失われれば、原子炉を中心にした諸システムの状況を把握できなくなるから、それらの制御も困難になる。原子力施設におけるこのような全電源喪失を、ステーションブラックアウトという。

原子力発電所の施設を支える命綱である電力の供給システムとしては、通常、(1)所内の電源系（他の原子炉につながっている）、(2)外部電源系（外部から引き入れているいわゆる普通の電力）、(3)非常用ディーゼル発電機、(4)非常用バッテリーの4系統がある。

原子炉保安指針では、すべての電源系統が失われるのは「ニューヨークに隕石が直撃する確率」として扱われてきた。しかし実際には、広域で長時間にわたって外部電源系が停止した事例は必ずしも珍しくない。

冷却系の損傷は重大事故を招くため、いくつかの予備系がある。一つは原子炉の蒸気を使う原子炉隔離時冷却系（RCIC）であり、もう一つは非常用炉心冷却装置（ECCS）と呼ばれる非常時に大量の水をシャワーする系統である。他にも中性子を止めるホウ酸を注入する系統もある。

原子炉の冷却は、最終的には海水・河川水・空気（冷却塔）によってなされる。だが、冷却に適した清浄な水や空気が常に供給されるとは限らない。津波・洪水・地震・クラゲ・赤潮・

漂流物などで、取水口・排水口・配管が塞がれる可能性がある。また、旱魃の時には、長江やライン川のような大きな川でさえ、取水が困難になることもあり得る。

　火山灰・軽石や亜硫酸ガスの来襲は、複合的な困難を招く。原子炉が川または海の近くに置かれることから、事故や故障の時は河川水や海流によって放射性物質が拡散し、被害地域が拡大する。

　原子炉内部を冷却するパイプは、(1)細い、(2)薄い、(3)曲がっている、(4)中性子などに曝されている、(5)圧力が高い、(6)密集している、(7)ナトリウム冷却の場合は腐食性が高い（通常は徹底的に不純物を除いた水を用いる）などの悪条件が重なっている。これに、施工不良が加わったら最悪である。

　経年変化、不純物、格子欠陥、振動、地震などの条件があると、設計寿命のかなり前に、詰まったり破断したりすることもある。

　定期検査によってもすべてのパイプを徹底検査することはできないため、事故の原因となり得る。挙動が複雑なので、固有振動の計算が困難で（設計時には可能だが、条件の変化が大きい。古い設計ではかなり省略して計算している）、想定外のひずみや圧力の集中が起こり、ひび割れや破断が起きることがある。

　パイプの材質も万全ではない。エロージョン／コロージョン（壊食／腐食、E／C）により、内面的減肉（配管の厚みが減ること）が起こり（局部減肉）、最終的には穴が開いたり亀裂ができたりする。壊食・腐食が起きる場所の予想は困難であり、

年間数ミリメートルにも及ばない速度だったりするから、時期の予測も困難である。このため、検査漏れが大きな事故を招きやすい。

　これは炭素鋼の弱点であるが、低合金鋼で対処が困難な場合に、オーステナイト系ステンレス鋼にすると応力腐食割れを起こす。この問題は、火力発電所・石油化学・一般化学プラントなどと共通の未解決問題である。

　原子炉の熱を運び出し、タービンを回すための冷却剤として使われるのは、通常、水・重水だが、液体金属ナトリウムを用いることもある。しかし、液体ナトリウムは水分や空気に触れると爆発する性質を持ち、腐食性も高い。さらに、別の元素が混入すると硬化し、冷却困難となる場合がある。個々の事象の反応の程度は、場合によって異なる。

　「制御棒を入れると必ず反応が低くなる」わけでもないし、水素の泡の発生や燃料棒や制御棒の抜き差しの速さなどによっても、原子炉の挙動は変化する。当直運転員や管理者がすべての挙動を把握しているわけではないので、事故のときに適切な対処ができるとは限らない。

　原子炉および格納容器内部は、完全に閉じ込められているわけではない。まず炉心冷却剤を出入りさせる太いパイプがあり、各種緊急冷却系、計測器、制御棒、消火系、電力系、通信系などの穴が開いている。それらは格納容器と同等の耐熱性、耐久性、強度を持っているわけではないため、事故の原因となるおそれがある。

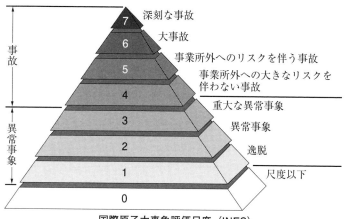

国際原子力事象評価尺度（INES）

1961年1月3日に起きたアメリカ海軍SL-1事故で、事故後に撤去される原子炉容器。SL-1は、アイダホ州にあった軍事用試験炉で、運転出力600キロワットの小型のものだった。制御棒を運転員が誤って引き抜き、原子炉の暴走が起きたと考えられている。大量の水蒸気が瞬時に発生して炉内が高圧になり、炉が破壊され、13トンの原子炉容器が約3メートル飛び上がった。チェルノブイリ原子力発電所事故が起きるまでは、原子炉事故で死者が出た唯一のケースだった。

7
スリーマイル島原子力発電所事故

1 事故の衝撃

　1979年3月28日に、アメリカのスリーマイル島原子力発電所2号機で、炉心溶融・放射能の大量放出を起こす事故が発生した。

　これは当時のカーター大統領が威信をかけて建設したもので、事故など決して起こりえないと喧伝されていた。しかも最新鋭の原子炉が営業運転を始めてから3か月も経っていない時点での事故だった。

　そんな原発で、世界初の炉心溶融事故が発生した。この事故が世界に与えた衝撃は計り知れないほど大きかった。

　スリーマイル島原発は、アメリカ東北部ペンシルベニア州ハリスバーグ近くのサスケハナ川の中州であるスリーマイル島に建設された。

　1号機は出力83万7000キロワットで、1974年6月に運転を開始していた。事故を起こした2号機は、出力95万9000キロワットで、1978年12月30日に運転を開始したばかりだった。

　当時としては過去最大の原発事故で、「レベル5」と評価された。この事故以来、アメリカでは長い間、新しい原子力発電所の建設がなかった。アメリカ原発史の中でも最悪の事故と言われるゆえんである。

2 事故の経緯

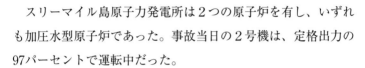

　スリーマイル島原子力発電所は2つの原子炉を有し、いずれも加圧水型原子炉であった。事故当日の2号機は、定格出力の97パーセントで運転中だった。

　事故は、1979年3月28日午前4時過ぎから起きた。2次系の脱塩塔のイオン交換樹脂を再生するために、イオン交換樹脂を移送する作業を続けていた。ところが、この移送管に樹脂が詰まり、作業は難航した。

　この時、樹脂移送用の水が、弁などを制御する計装用空気系に混入した。そのため、異常を検知した脱塩塔の弁が閉じて、主給水ポンプの動きが止まり、ほとんど同時にタービンが停止した。

　2次冷却水の給水ポンプが止まったため、蒸気発生器への2次冷却水の供給が行われず、除熱ができなくなった。1次冷却系を含む炉心の圧力が上昇したので、加圧器逃し安全弁が開いた。

　このときに、弁が開いたまま固着し、圧力が下がっても弁が開いたままになった。そのため、大量の1次冷却水が蒸気になって放出された。

　加圧器逃し安全弁が、熱のために、開いたまま固着してしま

スリーマイル島原子力発電所。2号機事故後も1号機は稼働を続け、現在も運転中である。

シッピングポート原子力発電所。アメリカで最初に建設されたフル規格の加圧水型原子炉があった。1958年5月26日に操業を開始し、1982年10月1日に操業を終了した。

ったのである。原子炉は自動的にスクラム（緊急時に制御棒を炉心に全部入れ、核反応を停止させる）し、非常用炉心冷却装置が動作した。

しかし、すでに原子炉内の圧力が低下していて冷却水が沸騰していたので、ボイド（蒸気泡）が水位計に流入し浮子を押し上げた。そのため、加圧器水位計は正しい水位を示さなかった。このため運転員が、冷却水が過剰になっていると判断し、非常用炉心冷却装置は手動で停止されてしまう。

このあと、1次冷却水系の給水ポンプも停止されてしまった。そのため、2時間20分の間、開いたままになっていた安全弁から、500トンの1次冷却水が流出した。炉心の上部3分の2が蒸気中にむき出しになって、崩壊熱により燃料棒が破損するに至る。

このため、周辺住民の大規模避難が行われた。運転員によって給水回復措置が取られ、冷却水を注入して事故は終息した。結局、炉心溶融（メルトダウン）で燃料のウランは45パーセントに当たる62トンが溶融し、うち20トンが原子炉圧力容器の底に溜まった。

当時の現場には、異常状態を表示する警告灯や警報音装置がたくさん設置されていたため、逆にこれらが現場に混乱と疲弊を生じさせる結果となった。

3 事故の影響

　幸いにも、事故による負傷者は出なかった。しかし事故の様子は刻々とニュースで伝えられ、周辺住民は不安の中で過ごした。

　事故から3日後には、炉心から8キロメートル以内の学校が閉鎖され、妊婦や学齢前の児童に対する避難勧告が出された。16キロメートル以内の住民に対しても、屋内避難勧告が出され、周辺の住民はパニック状態になった。

　事故後には、放射能を浴びた影響によると思われる白血病や癌による死亡率が高まった、という報告もある。原子炉は安全に設計されてはいても、いったん事故を起こすとその影響は甚大なものになることを世界に知らしめた。

　また、このように原子炉の燃料が溶け出す炉心溶融と呼ばれる重大事故が起きたことは、世界の人々に原子力発電の安全性に深刻な不安を抱かせた。

8
チェルノブイリ原子力発電所事故

1 事故の発生

　1986年4月26日1時23分(モスクワ時間)に、ソビエト連邦(現ウクライナ)で起きた原子力事故であり、後に決められた国際原子力事象評価尺度(INES)において最悪のレベル7(深刻な事故)に分類された。

　当時、チェルノブイリ原子力発電所では4つの原子炉が稼働していた。いずれも黒鉛減速沸騰軽水圧力管型の原子炉で、正味発電量は、1号機が74万キロワット、2〜4号機はいずれも92万5000キロワットだった。4つの原子炉で、ソ連の原子力発電の15パーセントを担っていた。

　事故では、4号炉が炉心溶融(メルトダウン)の後に爆発し、放射性降下物がウクライナ・ベラルーシ・ロシアから、ヨーロッパの広い範囲、さらには北半球全域にまで汚染が広がった。

　現在もなお、原発から半径30キロメートルの地域は居住が禁止されている。原発から北東に向かって約350キロメートルの範囲内には、ホットスポットと呼ばれる局地的な高濃度汚染地域が約100か所にわたって点在する。そのホットスポットでは、農業や畜産業などが全面的に禁止されている。

　爆発した4号炉は、運転開始から約2年が経っていた。事故発生時には、動作試験が行われていた。外部電源が遮断された

場合に非常用ディーゼル発電機が起動するまでの間、原子炉の蒸気タービンの惰性回転だけで各システムに十分な電力を供給できるかどうかを確認するものであった。この試験中に制御不能に陥り、炉心が溶融・爆発したのである。

しかし、責任者の不適切な判断や、炉の特性による予期できない事態が発生したことが、事故の背景にあったとされる。

爆発によって、原子炉内の放射性物質が、大気中に10トン前後放出された。これは広島に投下された原子爆弾が発生させた放射性物質の約400倍であると考えられている。

当初ソ連政府は、パニックや機密漏洩を恐れて、事故を内外に公表しなかった。周辺住民の避難措置も取られなかった。

しかし、翌4月27日にスウェーデンのフォルスマルク原子力発電所が放射性物質を検出して調査を開始し、近隣国からも報告があった。このため、スウェーデン当局は調査を進めた。これを受けて、ソ連は4月28日に事故を認め、世界中に発覚した。

チェルノブイリ原発事故により、ウクライナのプリピャチ市は立入禁止になり、ゴーストタウンになった。その市民プール（2007年10月撮影）

2 事故の経緯と避難

　4号炉の爆発後も火災は止まらず、消火活動が続けられた。ソ連当局は応急措置として、火災の鎮火と放射線遮断のために、ホウ素を混入させた砂5000トンを直上からヘリコプターで投下、水蒸気爆発を防ぐため下部水槽を排水し、減速材として炉心内に鉛を大量投入、炉心温度を低下させるために液体窒素を投入するという作業を続けた。

　これらの策が功を奏したのか、制御不能に陥っていた炉心内の核燃料の活動も次第に落ち着いた。5月6日までに大規模な放射性物質の漏出は終わったと、ソ連政府は発表した。爆発した4号炉をコンクリートで覆い、封じ込めるために、延べ80万人の労働者が動員された。4号炉を封じ込めるためのコンクリートの覆いは「石棺」と呼ばれている。

　高濃度の放射性物質で汚染されたチェルノブイリ周辺は、居住不可能になった。避難は4月27日から5月6日にかけて行われ、事故発生から1か月後までに、30キロメートル以内に居住する約11万6000人が移住した。さらに、原発から北東に向かって約350キロメートルの範囲内のホットスポットからも、多くの人々が移住を余儀なくされた。

　放射性物質による汚染は、隣のベラルーシとロシアにも拡大

した。ソ連政府の発表による死者数は、運転員・消防士合わせて33名だが、事故の処理に当たった予備兵・軍人、トンネルの掘削を行った炭鉱労働者に、多数の死者が確認されている。

長期的な観点から見た場合の死者数は、数百人とも数十万人とも言われるが、事故による放射線被曝と癌や白血病との因果関係を証明する手段はない。事故後、この地で、小児甲状腺癌などが急増した。

ウクライナ政府は、2010年12月21日から、チェルノブイリ原子力発電所周辺への立入り制限を解除した。それまで、半径30キロメートル以内は立入禁止だった。現在では、チェルノブイリを訪れる観光客がいる。

チェルノブイリ原発事故により立入禁止になった地域の廃屋

3 事故の影響

　商用原子炉の歴史で、放射線による死者が出たのは、このチェルノブイリ原発事故が初めてだった。2000年4月26日の14周年追悼式典での発表によれば、ロシアの事故処理従事者86万人中5万5000人がすでに死亡しており、ウクライナ国内の被曝者342万7000人のうち、作業員は86.9％が病気にかかっている。また周辺に住んでいた幼児・小児などの甲状腺癌罹患率が高くなった。

　ＩＡＥＡによると、この事故による放射性物質の汚染は、広島に投下された原爆による汚染の約400倍に達すると推定されている。しかし、これは、20世紀中頃に繰り返されたすべての大気圏内核実験によって生み出された放射性物質の100分の1から1000分の1に過ぎないとも言われる。

　降下した放射性物質による世界各地の被曝線量は、それぞれ異なる。高所爆発の核爆弾と、地上爆発の原発では汚染実態が異なる（核爆弾の方が高い場所から広い範囲に飛散するので、単位面積当たりの汚染は少なくなりやすい）。

　核爆弾は少量の核の大半を瞬時に反応させて終えてしまうが、原発事故は大量の核の緩やかな核反応つまり臨界を長く続ける。そのため大量の汚染物質を蓄積しており、原発事故はその蓄積

した汚染物質を拡散させる。

　核爆弾は、1発当たりの放射性物質の総量は数キログラムから数十キログラムと比較的少なく、一方、原発1か所当たりの放射性物質の総量は非常に多いなど、両者を単純に比較することはできない。

　チェルノブイリ事故では、爆発時までに炉心内部に蓄積されていた放射性物質が10トン前後放出され、周辺には大量に降下し、北半球全域にまで少しずつ拡散した。周辺地域の家畜に放射性物質が蓄積され、肉・牛乳が高濃度汚染された。

　事故直後における健康への影響は、主に半減期8日の放射性ヨウ素によるものだった。事故から30年近くがたつ今日では、半減期が約30年のストロンチウム90とセシウム137による土壌汚染が課題となっている。土壌や地下水にとどまったままになっているからである。

　事故後の復旧と清掃作業に従事した労働者は、高い放射線量の被曝を受けた。彼らの大部分は、放射能の危険について何も知らされていなかった。放射線から身を守る保護具は供給されなかった。

　ソ連政府は事故から36時間後に、チェルノブイリ周辺区域から住民の避難を開始した。およそ1週間後までに、チェルノブイリ原発から30キロメートル以内に住んでいた人々約11万6000人が移転させられた。

　その他、チェルノブイリ原発から北東100キロメートル以内でも、放射性物質により高濃度に汚染されたホットスポットと呼ばれる地域では、農業の無期限停止措置と、住民を移住させ

る措置が取られた。結果として、さらに数十万の人々がホットスポット外に移住させられた。

チェルノブイリは、ウクライナ国内であるとは言うものの、ドニエプル川支流の右岸沿いで、左岸（北側）はすでにベラルーシである。このため、セシウム137による立入禁止区域・永久管理区域は、むしろベラルーシでより広域だった。

汚染地域の子どもは、甲状腺に最大累積50グレイの高線量を被曝した。これは、汚染された土地で生産された牛乳を通じて、甲状腺に蓄積される性質を持ち半減期の短い放射性ヨウ素を、多量に摂取したためである。また子どもは、身体や器官が小さいため、大人よりも累積線量が高くなる。

いくつかの疫学的研究によって、3国の汚染地域の子どもの甲状腺癌の発生率が増えていることがわかった。

"The United Nations and Chernobyl"によると、ウクライナでは350万人以上が事故の影響を受け、そのうちの150万人が、当時は子どもであった。癌の発症は19.5倍に増加し、甲状腺癌で54倍、甲状腺腫は44倍、甲状腺機能低下症は5.7倍、結節は55倍となった。

ベラルーシでは、放射性降下物の70パーセントが国土の4分の1に降り、50万人の子どもを含む220万人が放射性降下物に被曝した。ロシアでは270万人が被曝した。

1985年から2000年に汚染地域のカルーガで行われた検診では、癌の症例が著しく増えていた。乳癌で121パーセント、肺癌が58パーセント、食道癌が112パーセント、子宮癌が88パーセント、リンパ腺と造血組織の癌で59パーセントの増加があった。

アメリカ国立癌研究所の調査によると、慢性被曝による癌のリスクは、日本の原爆被曝者が受けた急性被曝によるリスクに匹敵する。放射能汚染は、白血病全体の発症リスクを増加させるだけでなく、チェルノブイリ事故前には放射線被曝との関連性が知られていなかった慢性リンパ性白血病をも増加させていることがわかった。

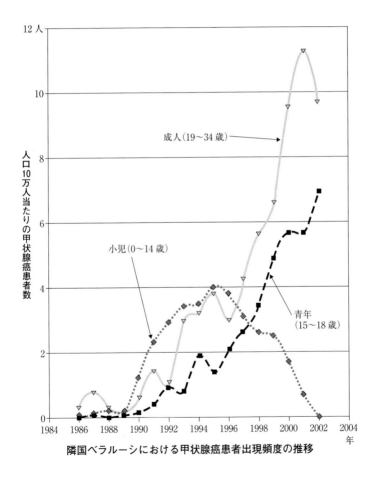

隣国ベラルーシにおける甲状腺癌患者出現頻度の推移

チェルノブイリ原発では、4号炉を覆う石棺をさらに覆うように、閉込め設備を建設する計画がある。2013年8月撮影

近年のチェルノブイリ原発跡

9
日本の原子力事故

1 関西電力美浜原発1号機燃料棒破損事故

1973年3月に、美浜原発1号機で、核燃料棒が折損する事故が発生した。しかし、関西電力はこの事故を公表せずに隠して、秘密裡に核燃料集合体を交換しただけだった。

この事故が明らかになったのは内部告発によるもので、1976年12月に開かれた衆議院科学技術振興対策特別委員会で、原子力委員会がこの事故を認めた。

内部告発では、この事故は核燃料棒が溶融したものと指摘していた。しかし、原子力委員会の発表は、この事故は溶融ではなく「何らかの理由で折損」したもので、「重大な事故ではない」とした。

2 東京電力福島第一原発3号機事故

1978年11月2日に起きたもので、日本で最初の臨界事故であったとされる。しかし、この事故が公表されたのは、発生から29年後の2007年3月22日だった。

制御棒の水圧を調節する戻り弁の操作ミスで、制御棒5本が抜けてしまった。このため、約7時間半の間、臨界が続いたとされる。沸騰水型の原子炉で、弁操作の誤りで炉内圧力が高まり制御棒が抜ける、という沸騰水型の原子炉に本質的な弱点の事故であるとされる。

この事故の情報は、同原発内でも共有されることがなかった。

このため、福島第一原発ではその後も似たような事故が繰り返され、他の原子力発電所でも同様な事故が繰り返された。

3　東京電力福島第二原発3号機事故

1989年1月1日に、原子炉に冷却水を送り込む再循環ポンプ内部の回転翼が壊れ、炉心に多量の金属片などが流出した事故である。長期にわたって福島第二原発を停止に追い込んだ。INESレベル2とされた。

再循環ポンプの破損は、水中軸受けのリング状円板を取り付けてあった部分の溶接が不十分だったため、ポンプの運転に伴う水圧の変動で、円板部分が割れたものと考えられた。

原子炉圧力容器内からは、30キログラム前後の金属片が見つかった。金属片は圧力容器内の中枢部である燃料棒集合体下部でも見つかった。このように、炉心に異物が入った事故はわが国では初めてであった。

炉心に異物が入り、燃料棒の被覆管がその異物で傷つけられ破れると、放射能漏れなど重大な事故につながる。しかし、東電は「そのような穴はなく、放射能漏れはない」とした。

この事故を受けて、原子炉の運転は1年10か月止められた。脱原発運動を進める株主らが、運転差し止めを求める訴訟を起こした。

上空から見た美浜原子力発電所（国土画像情報（カラー空中写真）国土交通省）。福井県美浜町にある関西電力の原発

浜岡原子力発電所（浜岡原子力館展望台から、2010年5月撮影）

4 東京電力福島第一原発3号機事故

1990年9月9日に、主蒸気隔離弁を止めるピンが壊れた結果、原子炉内部の圧力が上昇した。そのため、「中性子束高」の信号が出され、原子炉が自動停止した。INESレベル2の事故であるとされた。

5 関西電力美浜原発2号機事故

1991年2月9日に、原子炉が通常運転をしていた際、蒸気発生器の低温側の伝熱細管の1本が完全に破断し、55トンの1次冷却水が漏れ出した。このため、原子炉が自動停止するとともに、非常用炉心冷却装置（ECCS）が動作した。

日本で初めて、冷却水の流出によりECCSが動作した事故だった。INESレベル2とされた。放射線の放出量は0.6キュリーとされた。

6 中部電力浜岡原発3号機事故

1991年4月4日に、原子炉給水量が減少したので、原子炉が自動停止した。原子炉給水量が減少したのは、誤信号が原因だったとされる。INESレベル2とされた。

7　動燃高速増殖炉もんじゅナトリウム漏洩事故

1995年12月8日に、動力炉・核燃料開発事業団(動燃、現日本原子力研究開発機構)の高速増殖炉「もんじゅ」で起きた事故で、INESレベル1とされた。

高速増殖炉による核燃料サイクルの研究・開発は、1970年代になってスタートした。1977年に、茨城県大洗町に日本初の高速増殖炉「常陽」が開発された。1994年には福井県敦賀市に高速増殖炉「もんじゅ」が建設され、1995年に初めての送電に成功した。

しかし初送電から3か月後の1995年12月8日、ナトリウム漏れが発見され、原子炉はストップされた。軽水炉では、軽水(普通の純水を言う)を冷却材として使うが、高速増殖炉では、溶融金属(主としてナトリウム)を冷却材にする。このナトリウムが漏れたのである。

高速増殖炉で冷却材に水を使わずに、ナトリウムを使うのは、高速で飛び交うことによってウラン238をプルトニウム239に変化させる高速中性子が、水では減速してしまうからである。

そのため高速増殖炉ではナトリウムが使われるが、ナトリウムは水蒸気や酸素と反応するとはげしく燃えるという性質を持つ。「もんじゅ」の事故は、このナトリウムが漏れ、火災を起こしたものである。

さらに、高速増殖炉には、ほかにもいくつかの弱点がある。高速増殖炉では、増殖を起こしやすくするために、炉心に軽水

炉タイプの10倍もの核燃料を詰め込む。そのため炉心が不安定になりやすく、炉心の暴走による核爆発の危険がつきまとう。

その他、耐震性が低いことや、多額のコストがかかることなどの問題がある。ナトリウム火災は、このような不安要素が指摘される中で起こった事故であった。

「もんじゅ」は、高速増殖炉の商用化に向けた技術を開発するための実証炉だった。その設計・建設・稼働を通じて、高速増殖炉の発電性能および信頼性・安全性を確かめるためのものであった。

しかし、1995年のこの事故で、長い休止に追い込まれた。運転再開のための本体工事が2007年に完了し、2010年5月6日に運転を再開した。だが、2010年8月には、炉内中継装置落下事故を起こし、再び稼働中止に追い込まれた。

炉内中継装置は、長さ12メートル、重さ3.3トンで、電柱のような円筒形である。33体の使用済み燃料と新燃料を受け渡すために使われたのだが、つかみ具の爪がはずれ、約2メートルの高さから落下した。

2012年に再稼働する予定で整備が進められたが、福島第一原発の事故を踏まえて、運転休止が続いている。

8　動燃東海事業所アスファルト固化施設事故

1997年3月11日に、動力炉・核燃料事業団の東海事業所再処理工場で起きた事故だった。INESレベル3とされた。

東海事業所再処理工場のアスファルト固化施設は、地上4

もんじゅ（日本原子力研究開発機構の高速増殖炉、福井県敦賀市、2011年4月撮影）

志賀原子力発電所（北陸電力、石川県志賀町、右が1号機で左が2号機、2011年7月撮影）

階・地下2階建てで、使用済み核燃料からウランやプルトニウムを取り出す再処理工程で発生した低レベル汚染の放射性廃液を、アスファルトで固めて体積を減らすための施設である。

1997年3月11日10時6分ころ、汚染廃液をアスファルトで固めたものを詰めてあったドラム缶のうち数本が、温度上昇を起こして、火災が発生した。アスファルト固化体の中に充填されていた放射性物質が、固化施設とそれに隣接する建屋の中に拡散した。

さらに、一部の排気筒や室内ダストを監視していた機器から、放射線量が上昇しているという表示が出て、警報が出されたので、作業員は退避した。

同日午後8時ころ、固化施設で爆発が起き、固化施設の窓・扉などが破損し、固化施設の周辺に放射性物質が漏れ出した。

敷地内のモニタリングポストでは、同日午後8時40分ころから、放射線量の上昇が見られた。しかし、午後9時以降は通常の放射線量に戻ったとされる。

事故発生時に固化施設内などにいた作業員129名のうち、37名が被曝した。その被曝量は多くなかったとされた。

9　北陸電力志賀原発1号機事故

1999年6月18日に、臨界が15分間続いた事故である。日本で2番目の臨界事故とされる。INESレベル3とされた。

原子炉は、定期検査のために停止中だった。制御棒1本の緊急挿入試験を行っていた。制御棒を動かす装置は水圧式のピス

トン構造で、手動操作の場合には挿入ラインのバルブと引き抜きラインのバルブの開閉により、水圧調節を行う。

　本来は、「水圧逃がしバルブを開いて水圧を下げた後に」挿入ラインのバルブを閉じるべきであったが、操作手順を誤り、水圧逃がしバルブを閉じたまま挿入ラインのバルブを閉じた。

　このため、引抜きラインの水圧が上昇し、制御棒が引き抜かれ始めた。3本の制御棒で、同じ誤った操作が行われた。このため3本の制御棒が引き抜かれてしまい、予定になかった臨界状態が起きたのである。

　制御室では、ただちに緊急停止ボタンを押した。しかし、定期検査の最中だったために、「水圧制御ユニットアキュムレーター（制御棒を緊急的に挿入する装置）」が無効にされていた。そのため、この装置は動作しなかった。

　そこで、閉じられた挿入ラインのバルブを手動で開き、制御棒を挿入した。これにより、臨界はようやく停止した。外部への放射能漏れは起きておらず、臨界していた時間は15分間程度だったとされる。

　しかし北陸電力は、ただちに国にこれを報告することなく、検査記録を改竄するなどして事故を隠そうとした。2007年3月15日に、この事故の存在が明るみに出た。このため、経済産業省の命令で、3月16日から1号機の運転停止作業に入った。

　この事故が明るみに出てから、制御棒の脱落事故が、他の多くの原発でも起きていたことが公表された。

　2007年3月19日には、「中部電力浜岡3号機において、1991年5月31日に3本」、「東北電力女川1号機において、1988年7

月9日に2本」の制御棒の引き抜き事故が発生していたことが公表された。

続いて3月22日には、東京電力が「1978年11月2日に福島第一原発3号機において制御棒5本が脱落し、7時間半も臨界状態が続いていた」と推定されることを公表した。

その後も、「1979年2月12日、東京電力福島第一原発5号機で1本」、「1980年9月10日、東京電力福島第一原発2号機で1本」、「1993年6月15日、東京電力福島第二原発3号機で2本」、「2000年4月7日、東京電力柏崎刈羽原発1号機で2本」と相次いで、制御棒脱落事故が起きていたことが明らかになった。

3月30日には、東京電力福島第一原発4号機で、1998年の定期検査中、原子炉の核分裂を抑える制御棒34本が一気に15センチほど抜ける事故が発生していたことも明らかになった。

10　東海村JCO核燃料加工施設臨界事故

1999年9月30日に起きた、日本で3番目の臨界事故で、作業員2名が死亡した。日本で初めて、事故被曝による死亡者を出した。INESレベル4とされた。

高速増殖実験炉「常陽」向けに、燃料加工を行っている最中であった。当時現場では、ウラン235濃縮度18.8％のUF_6（六フッ化ウラン）をUO_2（二酸化ウラン）に再転換する作業の中間工程を行っていた。

正規マニュアルによれば、粉末UF_6を溶解する工程では、臨界に達しないように溶解塔という装置を用いることになってい

た。しかし、裏マニュアルでは、作業時間短縮のため、ステンレス製バケツを用いて、中性子が外へ抜けやすいように細長くする形状制限がなされた貯塔に、ウラン溶液を入れることになっていた。

しかし、実際に現場で行われていた工程は、さらにずさんだった。彼らが従っていた裏マニュアルでは、冷却水ジャケットに包まれたずんぐりとした形状の沈殿槽に溶液を入れていた。

その結果、作業の最中に臨界に達し、臨界の特徴的現象である青い発光とともに大量の中性子が放出され、作業をしていた3人が被曝した。3人のうち2名が死亡、1名が重症だった。

事故は作業者3人の被曝と施設内の汚染だけではすまず、日本の原子力事故で初めて一般市民にまで被害が及び、667名が被曝した。

事故の原因の1つは、裏マニュアルの容器である沈殿槽を囲む冷却水ジャケットにあった。この水が減速材となり、中性子が遅速中性子になって、ウランの核分裂を起こさせていた。核分裂を止めるには冷却水ジャケットに入った水を抜き、遅速中性子を高速中性子にする以外にない。

関係者らが決死の思いで現場に突入し、冷却水を抜き、中性子吸収材のホウ酸水を注入することによって、臨界の開始から20時間後に、核反応はようやく沈静化した。被曝者は、関係者としては事故時に作業をしていた3人、冷却水抜き・ホウ酸水注入をした18人、合わせて21人だった。

事故の被害はそれだけではなく、現場から半径350メートル以内の民家40世帯に避難を要請し、500メートル以内の住民に

柏崎刈羽原子力発電所(東京電力、新潟県柏崎市と刈羽村にまたがる。7基の原子炉を有し、合計出力821万2000キロワット、2014年4月撮影)

常陽(日本原子力研究開発機構の高速増殖炉、茨城県大洗町、1986年撮影、国土画像情報(カラー空中写真)国土交通省)

避難勧告を出した。10キロメートル以内の住民約31万人には、屋内退避と換気装置の停止が呼びかけられた。

さらに、現場周辺の県道・国道・常磐自動車道の道路閉鎖や、ＪＲ常磐線・水郡線の一部区間での運転見合わせと、事故の影響は果てしなく広がった。

それだけの避難をしたにもかかわらず、被曝者の総数は、事故調査委員会が認定しただけで667名にのぼった。被曝者の中には、事故の内容を知らされずに出動要請を受け、高い汚染を浴びた救急隊員３人も含まれていた。

11　関西電力美浜原発３号機配管破損事故

2004年８月９日に起きた事故で、２次冷却系のタービン発電機付近の配管破損により、高温・高圧の水蒸気が多量に噴出した。高温の水蒸気を浴びた作業員５人が、熱傷で死亡した。INESレベル0^+とされた。

事故当時は、タービン建屋内で、定期点検の準備のため、211人が作業をしていた。事故の起きた配管室には11人がいたが、４人が即死、１人が17日後に火傷で死亡した。その他にも、６人が重軽傷を負った。

２次冷却系の配管に使われていた炭素鋼管は、直径55ミリメートル、肉厚10ミリであった。この配管の内面が、壊食により減肉し、事故当時は1.4ミリにまで薄くなっていた。このため、150度・10気圧という環境と振動に耐えられずに、破損したものとされた。

本来は、1991年にこの管を取り替えることになっていた。しかし、管理ミスのために、1976年の稼働以降1回も取り替えられていなかった。

12　東京電力柏崎刈羽原発事故

2007年7月16日に発生した新潟県中越沖地震により、柏崎市で震度6強を観測したため、運転を行っていた2号機、3号機、4号機、7号機は自動で緊急停止した。3号機建屋外部にある外部電源用の油冷式変圧器から出火した。

6号機で、放射性物質を含む水が漏れ、一部が海に流入した。7号機の排気筒から、ヨウ素3.12億ベクレル・粒子状放射性物質200万ベクレルが、大気中に放出された。7号機建屋のコンクリート壁にヒビが入り、放射能を帯びた水が漏れ出した。

地震計の記録は、この原子力発電所の耐震設計時の基準加速度を大きく上回った。3号機タービン建屋1階で2058ガル（設計時の想定834ガル）、地下3階で581ガル（想定239ガル）、3号機原子炉建屋基礎で384ガル（想定193ガル）だった。

この事故により、柏崎刈羽原子力発電所は、しばらくの間は全面停止を余儀なくされた。

13　東京電力福島第一原発2号機緊急自動停止

2010年6月17日に起きた事故で、原子炉の水位が低下した。使えなくなった常用系電源と非常用電源（常用系から供給され

ている)から、外部電源に切り替わるべきところ、工事ミスで切り替わらなかった。

このため、冷却系ファンが停止し、原子炉も緊急自動停止した。電源が止まったために、原子炉内の水位が2メートル低下し、燃料棒の露出まであと40センチメートル(単純計算では、あと6分でそこまで低下する)であった。

緊急自動停止してから30分後に、非常用ディーゼル発電機2台が動作して、電気の供給を開始した。これによって、原子炉隔離時冷却系が動作したので、原子炉内の水位が回復し、異常事態の進行が停止された。

14　東日本大震災福島第一原発・第二原発事故

2011年3月11日の東日本大震災によって惹起された事故で、その詳細については、次の章で詳しく触れる。

経済産業省原子力安全・保安院は、福島第一原発事故のINESレベルを、いったんは、8段階のうち3番目に深刻な「レベル5」と発表した。しかし、2011年4月12日になって、「レベル7」に訂正した。

なお、この地震・津波では、福島第二原子力発電所でも、東日本大震災のあった3月11日に、原子炉の冷却機能が一時不全状態に陥った。地震のために、3本の送電ラインのうち2本が失われ、その後の津波の影響で、原子炉の冷却機能を喪失したからであった。

3月12日には、福島第二原発についても、原子力緊急事態宣

言が発令された。3月15日になって、すべての原子炉が冷温停止になり安全に停止した、と発表された。3月18日に、原子力安全・保安院は、INESレベル3であったと暫定評価を下した。

15　J−PARC放射性同位体漏洩事故

2013年5月23日に起きた事故で、漏れ出した放射性同位体が、施設外に排出された。INESレベル1とされた。

高エネルギー加速器研究機構と日本原子力研究開発機構が、共同で茨城県東海村に建設した陽子加速器施設であるJ−PARC（ジェイパーク）のハドロン実験施設で、放射性同位体を漏洩させた事故だった。

J-PARCは、加速器のうち大強度陽子を扱うもので、2008年9月に初ミュオン発生、同12月には20キロワットの陽子ビーム出力による本格的な運転を開始した。物質生命科学実験施設・ニュートリノ実験施設などもあるが、ハドロン実験施設では原子核素粒子実験を行っている。

装置の誤作動で、通常の約250倍の強度のビームが照射され、金標的の一部が蒸発して放射性物質が漏れたとされる。

13時30分ころ、ハドロンホール内のガンマ線モニターが、通常の約10倍に相当する放射線量を示した。しかし、ビームの運転を続けたところ、16時ころ、ホール内の線量は通常の約10〜15倍になり、ガンマ線モニターの線量に再度の上昇が示された。このため、16時15分にビームの運転を停止した。

管理区域内に放射性同位体が漏洩したのだが、職員が施設の

換気ファンを回したため、この放射性同位体はさらに施設外に漏れ出した。

事故発生当時、ホール内には55人の研究者や作業員がいた。このうち33人からは、1.7ミリシーベルトから0.1ミリシーベルトの被曝が確認された。

地元自治体への通報は、事故発生から約33時間も経ってからだった。このことについては、日本原子力研究開発機構と高エネルギー加速器研究機構が、のちに謝罪をした。文科省政務官も、茨城県知事と東海村村長に謝罪した。茨城県は、7つの市町村とともに、5月25日にJ-PARCに立入り調査を行った。

川内原子力発電所（九州電力、鹿児島県薩摩川内市、2007年9月撮影）

10
福島第一原発事故

1 事故の概要

2011年3月11日、東日本大地震による地震動と津波によって、東京電力の福島第一原子力発電所で、炉心溶融を起こし、水素爆発で原子炉建屋が破壊され、大量の放射性物質を放出するという大きな原子力事故が発生した。国際原子力事象評価尺度INESで最悪のレベル7だった。

当時、福島第一原子力発電所の4～6号炉は停止中であったが、1～3号機は運転中だった。1～3号機では、地震を感知して制御棒がただちに挿入され、自動で原子炉は緊急停止した。

しかし、発電所への送電線が地震の揺れで接触・ショートし、切断され、送電線の鉄塔1基が倒壊したため、外部電源を失った。非常用ディーゼル発電機が起動したものの、地震の約50分後に襲った14～15メートルの高さの津波のため、地下に設置されていた非常用ディーゼル発電機が海水に浸って発電できなくなった。

電気設備、ポンプ、燃料タンク、非常用バッテリーなど、多数の設備が損傷したため、全電源喪失状態に陥った。冷却水ポンプを稼働できなくなり、原子炉や核燃料プールへの送水が不可能になったので、原子炉を冷却できなくなった。

このため、核燃料の溶融が発生した。原子炉内の圧力容器・

格納容器・配管などに多大な損壊をともなう、史上例を見ない深刻な原発事故へとつながった。

点検中の4〜6号機を除く1〜3号機は、いずれも、核燃料収納覆管の溶融によって、核燃料ペレットが原子炉圧力容器の底に落ちる炉心溶融を起こした。溶解した燃料集合体の高熱で圧力容器の底に穴が開き、また制御棒挿入部の穴とシールが溶解・損傷して隙間ができたことで、溶融燃料の一部が原子炉格納容器に漏れ出した（メルトスルー）。

燃料の高熱や格納容器内の水蒸気や水素などによる圧力の急上昇などが原因となり、一部の原子炉では格納容器が損傷し、1号機では圧力容器の配管部が損傷したとみられる。

また1〜3号機とも、メルトダウンの影響で水素が大量に発生した。側壁のブローアウトパネルを開放した2号機以外は、原子炉建屋・タービン建屋の内部に水素が充満して、水素ガス爆発を起こし、原子炉建屋・タービン建屋・周辺施設が大破した。

4号機は、定期検査中で原子炉の運転を停止していた。しかし、地震により外部電源を失い、津波襲来後は非常用ディーゼル発電機も使えなくなり、全電源を失った。電源喪失で水の補給ができなくなり、使用済み燃料プールの水位低下が心配されたが、3月下旬までは燃料が水面上に露出するほどの水位低下はないと確認されていた。ところが、3号機のベントにより、ベントラインから4号機原子炉建屋に水素が流入し、3月15日6時14分ころ、4号機原子炉建屋で水素爆発が発生、建屋は大きく破壊された。

福島第一原発1号機〜4号機と事故の態様

	1号機	2号機	3号機	4号機
運転開始と出力	1971年3月 46万kw	1974年7月 78.4万kw	1976年3月 78.4万kw	1978年4月 78.4万kw
燃料	二酸化ウラン 約69トン／年	二酸化ウラン 約94トン／年	MOX燃料 二酸化ウラン 約94トン／年	二酸化ウラン 約94トン／年
地震時の運転状況	運転中→自動停止	運転中→自動停止	運転中→自動停止	定期点検のため停止中
炉心と燃料	炉心損傷70％ 燃料ペレット溶融 燃料：400体	炉心損傷30％ 燃料ペレット溶融 燃料：548体	炉心損傷25％ 燃料ペレット溶融 燃料：548体	健全 燃料なし
炉心への注水	実施（淡水）	実施（淡水）	実施（淡水）	必要とせず
建屋健全性	水素ガス爆発（12日）で大きく損傷	白煙（15日）	水素ガス爆発（14日）で壊滅的に損傷	水素ガス爆発（15日）で大きく損傷 火災（15日）
燃料棒と使用済み燃料棒プール	燃料棒露出（部分または全体） プール貯蔵：292体 プール放水実施	燃料棒全露出（14日） プール貯蔵：587体 プール注水実施	燃料棒露出（部分または全体） プール貯蔵：514体 プール放水・注水実施	使用済み燃料棒プール内の燃料棒が損傷した。1331体を貯蔵していた。 プール放水実施
原子炉冷却機能	交流電源を必要とする原子炉冷却機能（淡水による大容量注水機能）＝機能喪失 交流電源を必要としない原子炉冷却機能（熱交換機を通した冷却機能）＝機能喪失			必要とせず

3月29日の1～4号機。左から、1号機（建屋の壁は上部が飛ばされたが、構造はしっかりと見える。だが、炉心の損傷は最も激しい）、2号機（水素ガス爆発はなく、建屋は壊れていないように見える）、3号機（水素ガス爆発で最も激しく建屋が破壊されている）、4号機（水素ガス爆発で大きく破壊されている）

3月15日の1号機（水素ガス爆発の3日後）

5号機・6号機は、1～4号機と立地が異なってやや離れた高所にあり、津波被害が軽微だった。

　原子力安全・保安院は、6月の発表で、事故後4月12日までに放出された放射性物質の総量を、77京ベクレルとしている。こうして放射性物質が拡散したので、大気・土壌・海洋を高い線量で放射能汚染させた。

　福島第一原発事故により放出された放射線量は、ヨウ素131とヨウ素131に換算したセシウム137の合計として、約90京ベクレルに上ったと考えられている。食品・水道水・大気・海水・土壌等から、事故に由来する放射性物質が検出され、住民の避難、作付制限、飲料水・食品に対する暫定規制量の設定や出荷制限といった施策がとられた。

　原子炉の停止、放射性物質検出の情報・施策、さらに施策に対する疑いの見方は、風評被害・人体の健康に関する論争・市民活動や経済への影響など、多岐にわたる影響を及ぼした。

　2011年3月21日に、東京電力が福島第一原発南放水口付近の海水を調査した結果、安全基準値を大きく超える放射性物質が検出された。3月22日には、原発から16キロメートル離れた地点の海水からも、安全基準の16.4倍の放射性物質が検出された。

　3月23日に文部科学省は、福島第一原発から北西に約40キロメートル離れた飯舘村で採取した土壌から、放射性ヨウ素を1キログラム当たり117万ベクレル、セシウム137を1キログラム当たり16万3000ベクレル検出したと発表した。

　事故を受けて、2011年3月11日20時50分に、半径2キロメートル以内の住人に避難指示が出された。その後、事故が深刻化

するにつれて避難指示の範囲が拡大した。

3月12日18時25分に、半径20キロメートル以内に避難指示が出された。3月15日11時には、半径20キロメートルから30キロメートル圏内でも屋内退避が指示された。

事故の影響が長引くと、政府の対応も長期避難に備えたものに切り替わった。2011年3月25日には、屋内退避を指示されていた半径20キロメートルから30キロメートル圏内の住民に、政府は自主避難を要請した。

4月22日には半径20キロメートル圏内が、災害対策基本法に基づく警戒区域に設定され、民間人は強制的に退去させられ、立入りが禁止された。

農林水産省は4月に、「避難区域」「計画的避難区域」「緊急時避難準備区域」を、2011年度の稲の作付制限区域に指定した。

福島県における作付制限区域以外の米の本調査は、10月12日に完了した。この調査では、すべての試料で、放射線セシウムが1キログラム当たり500ベクレルという暫定規制値を下回った。ところが、その後には暫定規制値を超える米が相次いで見つかった。

4月1日に北茨城の沖合で採取されたイカナゴの稚魚からは、1キログラム当たり4080ベクレルの放射性ヨウ素が検出された。5月初旬には、遠く離れた神奈川県の茶葉からも放射線セシウムが検出された。

福島県相馬市で飼育されていた牛が、汚染された飼料によって放射線セシウムに2次汚染され、7月にはその牛肉が検査を受けないまま出荷流通し、東京・神奈川・静岡などで消費され

ていた。

　宮城県は11月30日に、県内のキノコ原木から国の指標値を超える放射線セシウムが検出されたと発表した。福島県および近隣各県では、放射性物質による水道水の汚染が相次いだ。

　福島第一原子力発電所事故は、スリーマイル島原子力発電所事故を超え、チェルノブイリ原子力発電所事故に伍する世界史上最悪の原子力事故であり、各国のエネルギー政策に大きな影響を与えることになった。

事故後の福島第一原発で、放射性物質の拡散を抑制するために飛散防止剤を散布（2011年4月1日撮影）

2 人体への影響

　3月12日に1号機原子炉建屋に入り、手動でベント弁を開いてドライベントを実行した作業員が、累積106.3ミリシーベルトの急性被曝をして、吐き気とだるさを訴えて、病院に搬送された。

　当時は炉心でメルトダウンが進行しており、人体貫通性が高い中性子線が施設内で検出されていた。原子炉建屋内での作業は、命をも脅かされる危険な行為だった。

　しかし、切迫した状況の中で、手順書が整備されていないベント作業を、既存の設計図や配管図などを頼りに、すみやかに行うことが、原子炉建屋を爆発から守るために緊急に必要であり、自己犠牲を覚悟した決死的な作業だったのだろう。

　3月24日に3号機タービン建屋の地階で、14日の原子炉建屋水素爆発により破壊された配電系統の再敷設工事が行われていた。その工事にあたっていた電工系企業の社員および下請け作業員が、一般的な靴を履いたまま水たまりに進入し、その水たまりにたまっていた高濃度放射能汚染水に被曝した。

　その他一般の人々に対する放射線汚染、特に子どもの甲状腺への影響など、被害の全容はいまだ解明されていない。

福島第一原発を襲おうとしている津波（2011年3月11日撮影）

3月15日の壊滅した3号機建屋（左端）と、大きく損傷した4号機建屋

3月15日の3号機原子炉建屋の外観

3月16日3〜4号機周辺の様子

3月16日朝の福島第一原発（左端が4号機、右端が1号機）

3月16日4号機原子炉建屋

3月18日には3号機原子炉建屋に放水がされた。

3月18日4号機原子炉建屋

3月18日原子炉建屋周辺

3月15日、爆発後の3号機原子炉建屋の外観

3月21日、爆発後の3号機の外観

3月17日、津波で壊滅させられた海側エリア

3月12日の福島第一原発1号機

3月26日の福島第一原発2号機中央制御室

11

脱原発

1 原爆と原発

　1930年代の物理学の発展によって、核分裂反応で膨大なエネルギーが得られることが理論上判明した。しかし、その核分裂エネルギーを引き出す具体的な技術は、容易に具体化できなかった。

　当時は、ファシスト台頭の嵐によって第二次世界大戦が始まり、それまで築かれてきた民主主義の精神や西欧文明の伝統が脅かされかねない政治情勢だった。

　そこで、科学者たちは、ファシストの手に核爆弾が手に入るより前に、アメリカなど連合国側が核爆弾を開発すべきであると考えた。核エネルギーが平和用にではなく、最初に軍事使用を目的にして開発されたことは、人類にとって不幸なことだった。

　オッペンハイマーをはじめとする科学者たちは、核兵器の開発に懸命な努力を払った。その結果として核兵器が完成した。しかし、その時点では、すでにイタリアもドイツも戦争に降伏していた。日本も壊滅状態にあり、どのような形で降伏すればよいかを模索している状態であった。

　大戦中から潜在的にあった米ソ対立の中で、政治家と軍部の手に核兵器がゆだねられた。このことから、当時のアメリカの

為政者は、戦後におけるアメリカの政治上の優位を誇示・確保するために、核兵器を開発した科学者たちの反対にもかかわらず、日本に原爆を投下した。

その後まもなく、ソ連が原爆を開発し、東西冷戦下で米ソを中心に核兵器開発競争が展開された。その後、核兵器の性能・破壊力が向上し、数量が増大したことから、核兵器が実戦に使われれば双方共倒れになることが明白になり、核兵器は使うことのできないものになった。

そこで原子力の平和利用が唱えられたのだが、実は平和利用の掛け声は核技術温存のための隠れ蓑に過ぎなかった。原子力の平和利用とは原子力発電のことであり、原子力発電開発のもとで、核兵器の開発も進められた。

原子力発電は、核分裂を制御しつつエネルギーを取り出すものであるが、核分裂を制御できなかったら爆発を起こす。しかも、最終的に放射性物質を排出する点で、原子力発電と核兵器に違いはない。

したがって、ひとたび大事故を起こせば、放射性物質の放出をはじめとして人々に甚大な被害を及ぼすことは過去の例からも明らかである。

また原子力発電所で廃棄される放射性廃棄物の最終処分の方法も、実は存在せず、人の暮らしから離れた所に何百年間も保管するしかないのである。しかも、原発を稼働させる限り、放射性廃棄物は新たに発生し続け、増え続けるのだ。

原発も、原爆と同じように危険なものである。

2 放射能汚染について

　放射能については、その意味が曖昧なまま使われることが多い。有害なのは放射線であり、放射能は放射性物質が放射線を出す能力である。放射線にはアルファ線、ベータ線、ガンマ線、中性子線がある。

　これらは自然界にも存在するわけで、人類は微量とならば共存できるけれど、それ以上は人にとって、細胞レベルで有害である。原子力発電所は、それが稼働するだけで放射線を出し有害である。そして原発がひとたび事故を起こせば、外部に多量の放射性物質を放出し、重大な被害をもたらす。

　福島第一原発事故においては、空中・土地・地下水・海水に有害な放射性物質を放出し、外部に重大な被害をもたらした。そして事故時に放出したこの放射性物質によって、何十万人もの放射線被曝被害者を出した。

　その後も、住民は外部に避難移住させられ、不自由な生活を送らざるを得なくなった。事故後4年近くが経過した現在でも、まだもとの居住地に帰還できないままの地域が少なくない。帰還が許されるようになった地域も、まったく安心できるとは言えない。だから、帰還できることになった地域も、生活を再建するための基盤は、いつまでも確立しない。

3 原子力発電の経済性

　「原子力発電のコストは安い」と言われるが、果たしてどうだろうか。2005年6月に、公益事業学会で報告された試算によると、1キロワット時当たりの発電コストは、原子力5.73円、LNG4.88円、石油8.76円、石炭4.93円、水力7.20円である。

　これによると、LNGと石炭が、原子力よりもかなり安い。この計算では、設備の耐用年数は40年とされ、稼働率は80パーセントと仮定されている。

　また、LNG発電と原子力発電とを比べると、LNG発電は初期資本費が少なく、原子力発電は初期資本費が大きい。LNG発電は、電力需要の増減に合わせて発電量を操作できるが、原子力発電の発電量は短期的には一定であり増減ができない。

　また最近、アメリカにおけるシェールガスの価格低下により、LNG発電の有利性はますます高まっている。日本ではLNGの価格が石油にリンクされて、割高になっている。それを是正して、危険な原子力発電からLNGに移行すべきなのである。

　原子力発電は地球の温暖化を防ぐと言うが、原子力発電にともなって生じる高温な水を海に流しているから、それは理由とはならない。したがって経済的にも、安全性の面からも、原子力発電から脱すべきなのである。

4 原子力推進者

　原子力発電は危険なものだということが衆知のことでありながら、その原子力発電がなおも推進されているのは、それに群がる利権集団と権力組織があるからだ。それらを小出裕章氏は「原子力マフィア」と名づけたが、一般には「原子力ムラ」と呼ばれている。

　ひそかに核兵器保有の機会をうかがって、原子力技術を温存しようとする人たちもいる。原子力発電から利益を得る政治家や学者もいる。電力会社や原子力関連企業も、そこから利益を得ている。

　危険な原子力発電所を都会には造らず、金をばらまくことによって住民を利益誘導し、人口の少ない地域に原子力発電所を設置した。そして事故を起こしても自分では責任を取ろうとしない。

　これら「原子力ムラ」の人々は、電力会社や経済産業省などにいて、脱原発の動きを強く妨害する。

　そればかりか、福島第一原子力発電所の事故の収拾が終わらないうちに、既存の原子力発電所の再稼働や新たな原子力発電所の建設を検討している。また、ベトナムやトルコへの原子力発電所の輸出を進めている。

5 脱原発

　原子力発電は、原水爆と同じくらい危険なものである。日本には火山や地震が多い。原子力発電は、地震動や地震にともなう津波によって、原子力事故を起こす危険性が高い。経済的にも高くつくものであり、事故にともなう放射能の汚染などを考えると、即時に脱原発に踏み切るべきである。

3月18日の4号機（3月15日に水素ガス爆発と火災を起こしている）

参考文献

中川保雄『放射線被曝の歴史』明石書店、2011年
山田克哉『原子爆弾－その理論と歴史－』講談社、1996年
長岡洋介『現代物理学』東京教学社、1995年
斎藤勝裕『大学の総合化学』裳華房、2008年
ジョナサン・フェッター・ヴォーム『私は世界の破壊者となった』イースト・プレス、2013年
池上彰『高校生からわかる原子力』集英社、2012年
斎藤勝裕『知っておきたい放射能の基礎知識』SBクリエイティブ（サイエンス・アイ新書）、2011年
舘野淳監修『原子力発電がよくわかる本』ポプラ社、2012年
中日新聞社会部編『日米同盟と原発』東京新聞、2013年
ニュースなるほど塾編『常識として知っておきたい核兵器と原子力』河出書房新社、2007年
今中哲二他『熊取六人衆の脱原発』七ツ森書館、2014年
伊東光晴『原子力発電の政治経済学』岩波書店、2013年
小出裕『原発ゼロ』幻冬舎、2014年
小出裕『原発のウソ』扶桑社、2011年
ジョン・エルス著『ヒロシマ・ナガサキのまえに－オッペンハイマーと原子爆弾－』ボイジャー、2012年
菊地洋一著『原発をつくった私が、原発に反対する理由』角川書店、2014年
大鹿靖明著『メルトダウン－ドキュメント福島第一原発事故』講談社、2013年
Wikipedia

写真提供：東教大新聞OBG会／東京電力株式会社＝ホームページ　写真・映像ライブラリー　→　写真・動画集／国土交通省＝国土画像情報（カラー空中写真）／Wikipedia／その他

著者紹介

内 山　健（うちやま・けん）

1942年生まれ。1966年東京教育大学文学部
社会科学科経済学専攻卒業、神奈川県県立
高校教師、2003年退職。
連絡先 ken-1218@dream.jp

脱原発 ─原発は原爆と同じくらい恐ろしい─

2015年1月10日発行Ⓒ	**定価 756 円** （本体価格700円） （消費税 8 ％）
著 者　内　山　　健	
発行所　あずさ書店	

東京都新宿区西新宿8-10-8
☎（03）5389-0435
郵便振替　00160-7-26689

ISBN978-4-900354-69-2　C0031　￥700E